本书获 2019 年贵州省出版传媒事业发展专项资金资助

# Marriage and Morals

Bertrand Russell

现代社会与人名著译丛

# 婚姻与道德

[英]伯特兰·罗素 / 著

谢显宁 / 译

陈维政 / 校译

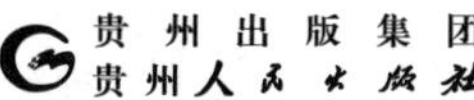
贵州出版集团
贵州人民出版社

# 主编前言

现当代西方学术思想的主要特征之一是注重人的主体性研究。这种以人为中心的研究,意在寻求人类和人类文化所依据的先在的根,由此而重识、重铸人与世界、人与社会的关系。对人的研究一般是从两个方面入手的:一是对人的宏观研究,即着眼于整个人类社会及其各个侧面,如文化、政治、宗教、经济、历史等的研究;一是对人的微观研究,即立足于人的主体性,致力于探求人的深奥莫测的精神世界和千变万化的行为表现。

本译丛的编委和译者,多年来潜心于精神世界的探索,思考存在的终极目的,探究种种关于人的斯芬克斯之谜,如:善的本源、正义的标准、生存的意义、人的本质与命运,甚至"人是谁"。就此而言,我们深感有必要系统地考察和介绍世界另一端那些在进行同样探索的人的学术成果;所谓"他山之石,可以攻玉","现代社会与人"名著译丛作为一面镜子,一扇窗户,正体现了这样一种见微知著的努力。

"现代社会与人"名著译丛作为现当代西方著名学者对人的

微观研究之集萃，主要从哲学、社会学、心理学、人类学、行为学、伦理学、宗教学等不同领域和不同视角对人的本质、人格、本能、意识、行为、情感、价值、需要、信仰等进行全面深刻的分析，力图揭示现代人在现代社会中的精神状态、地位和关系，以及未来的演变。

除了上述明确的主旨外，本译丛还具有以下特点：

(1)权威性，即所选著作全是有影响的经典名著；

(2)完整性，尽可能囊括了所有对人进行研究的重要学科与学派；所选著作多是西方现当代的研究成果，能反映西方学术界在这一领域的最新研究动向与主流；

(3)广泛性，内容广泛涉及人与社会的各个方面，从生死、爱恨到婚姻、家庭，从个体自由、价值选择到社会文化，从意识、无意识到精神冲突，等等；

(4)普及性，所选著作均出自名家权威之手，语言畅达，叙述生动，篇幅适中，能引起广泛的兴趣。事实上，这套译丛中绝大部分在西方曾一版再版，并被译成多种文字而闻名于世。

“现代社会与人”名著译丛自1987年在中国大陆首次出版以来，迄今已出版五十余种，发行总数超百万册，深受广大读者的喜爱和学界的好评，在海内外学术界引起较大反响，其中有多种以中文繁体字版形式在中国大陆以外地区出版发行。

全体编委及译者多年来的艰辛换得读者和学界同仁的首肯，这也是无尽困惑中最大的欣慰和价值。

陈维政

2024年2月27日于四川大学

# 代中译者序

伯特兰·罗素(1872~1970)是现代西方声誉卓著、影响深远的哲学家之一。在数理逻辑领域,他对西方近现代哲学的发展作出了极大的贡献。他有关科学、文化、教育、历史、宗教、伦理学以及政治、和平主义运动的各种著述,同样对西方的思想文化产生了不可磨灭的影响。在20世纪,大概没有其他任何一位西方哲学家在研究和著述的广泛性上能与他相比。罗素从来不是个纯专业哲学家,他对人在宇宙中的地位,对什么是高尚的生活的本质,以及伦理道德和婚姻爱情等方面的问题都进行了有益的探索和讨论。他才华横溢,文笔优美动人,在其著作中表达出了深刻的思想和机智雄辩的艺术魅力。1950年,罗素荣获诺贝尔文学奖。诺贝尔奖委员会称他为"当代理性和人道的最杰出的代言人，西方最无畏的自由言论与自由思想的斗士”。

罗素在自传中曾说：“简单而又无比强烈的三种激情主宰了我的一生：对爱的渴望、对知识的追求，以及对人类苦难的极度同情。”他在漫长的一生中，不只限于学术研究，从青年到老年始终热衷于社会活动。在教育上，他主张自由教育，认为教育的基本目的应该是培养“活力、勇气、敏感、智慧”四种品质，更多地发展个人主义。在政治上，他反对侵略战争，主张和平主义。他认为，保持人性，舍弃其余一切，新的天堂之门将会向人敞开。只有使人性充满快乐，才能建设起和平美好的世界。他从个人自由主义的立场出发来反对战争压迫，倡导尊重人的价值，并为争取个性的充分自由和解放不懈地努力。

罗素把追求个人自由幸福当作社会最高的目标，但他根据这种个人幸福观所宣扬的享乐主义却遭到了普遍的非议。他有关婚姻道德的观点曾经使得舆论界哗然。1940年，纽约法庭起诉，把他所著的《婚姻与道德》《我的信仰》《教育与现代世界》《教育与高尚生活》列为不宜在该市学院教授的几本书籍。传统守旧的卫道士们把罗素描绘成一个“信奉异教的教授”，一个“来自大不列颠的哲学上的无政府主义者和道德上的虚无主义者……”。他们把罗素的著作说成是“好色的、猥亵的、贪欲的、淫荡的、虚伪的以及丧失道德品质的”。美国主教派教会主教怒斥他为“魔鬼的使者”。高等法院则以罗素鼓吹“性不道德”为由取消了纽约城市学院对他的任命。然而,支持学术讨论自由,主张用科学的态度对待婚姻、性、道德的各界人士,针对教会和保守派的指控,纷纷为罗素辩护。当时全美第一流的哲学家和科学家都公开支持对罗素的任命。爱因斯坦评论说:“伟大人物都曾遭受庸人的剧烈反对。当一个人并不轻率地顺从沿袭的偏见,而是诚实地、无所畏惧地运用他的聪明才智时,庸人是不可能理解的。”

那么,引起这么大争议的《婚姻与道德》等书所具有的对社会的冲击力量,使社会风气发生变化的观点具体表现在哪些方面呢?读者阅读本书,就会对罗素的婚姻道德观有所了解。罗素指出,婚姻家庭是随时代的发展而变化着的。他在书里力图研究过去存在、目前仍然存在于人类不甚文明的社会中的一些制度,进而描绘当今西方文明的特点,以及这个制度应该更改的各个方面。他从人类社会早期的道德与宗教观念、政治经济文化、民族生活习俗入手,逐一考察了婚姻关系在古代社会、中世纪、文艺复兴时期直至近现代社会的演变过程,用若干例子痛斥了宗教道德的虚伪和残酷,论述了妇女解放、男女平等的意义,提出了性教育对青少年健康发展的重要性和必要性。

罗素不无正确地说,婚姻是“两个人之间最美好、最重要的关系”。他完全肯定这是比两人同居的欢乐更严肃的事。他认为,婚姻制度通过繁衍后代这一事实形成了社会结构中最本质的部分,而且有一种远远超越夫妇个人感情的重要性。他还指出,性道德必须从某些普遍的原则中推理出来,对于这些原则也许有非常广泛一致的意见。同样,对于从它们得到的结果也许会有广泛不一致的意见,但首先应当保证,男女间要有非常深厚、非常认真严肃的爱情,它拥抱着双方的整个人格,导致双方更充实、更美好的结合。

罗素在书中对当今的家庭、人口、优生、性与个人幸福,性在人类价值中的地位等分别提出了自己的见解,其中具有不少真知灼见,但也掺杂着许多不足为取的论点。他对离婚、试婚、卖淫等方面所持的态度,除了使我们了解到西方在进入了工业化社会后,随着经济的迅猛发展,传统的道德与传统的生活方式已经崩溃和解体,同时,也使我们看到一个离经叛道的个人自由主义者的局限性。然而,罗素并非是“性不道德”的鼓吹者。他的婚姻道德观从以下这一段话中可以看出其合理性:

“性生活不能不要伦理,就像经商、运动、科学研究或人类的其他任何活动不能不要伦理一样。但是它可以不要那种纯粹建筑在古代禁律上的伦理,那种禁律是由那些生活在与我们完全不同的社会里的没有教养的人提出的。……我要提倡的道德不在于单纯对成人或者少年说‘随心所欲,为所欲为吧’,还必须在生活中始终如一,还必须为了不可能立即收效也不会时时令人神往的目标进行不断的努力,还必须为别人考虑,还应该有某种关于正直的标准。”

罗素曾于1920年来华讲学,他的学说对我国的知识界有一定的影响。近年来,罗素的名著《西方哲学史》等已有中译本。本书的翻译出版,想必有助于我们对这位哲人的思想有更加全面的认识和了解。

王 筑

1988年2月

# 目 录

Marriage and Morals

第 一 章

# 性道德的必要性

我们在描述一个社会的特点时——无论是古代社会还是现代社会，都要考虑两个联系相当紧密而又具有头等重要意义的因素：经济制度与家庭制度。当前有两个卓有影响的学派：一派完全从经济方面找原因，而另一派则完全从家庭和性方面找原因。前者是马克思学派，后者是弗洛伊德学派。我自己并不追随他们任何一派，因为我认为，从因果效能的观点来看，经济与性的相互联系根本没有什么明显的主次之分。例如：工业革命无疑对性道德产生了并将继续产生深刻的影响，而反过来，作为工业革命的部分原因，清教徒的性道德在心理上却是必要的。对于经济因素与性因素，我自己并不准备去指定孰重孰轻，而且事实上也不可能把这两个因素断然分离开来。从本质上看，经济主要与获取食物有关，但人类间食物的获得，很少是仅仅为了获得食物者的个人利益——获取食物往往是为了家庭。当家庭制度变化的时候,经济目的也随之发生变化。显而易见,如果像柏拉图的共和国一样,把孩子从父母身边领走,由国家抚养的话,不仅人寿保险会停止,而且大部分私人储蓄也会停止。也就是说,如果国家要接过父亲的责任,那国家也将因此变成唯一的资产者。彻底的共产主义者常常反过来论述这一点,认为要是国家成了唯一的资产者,那么,我们所知的家庭就不能存在了。尽管这种想法有点过分,但私有财产和家庭之间的紧密联系也是无法否认的,而且这两者是互为因果的。因此我们不能说一个是原因,而另一个是结果。

社会的性道德由几个层次构成。首先是法律的明确规定。诸如某些国家是一夫一妻制,某些国家是一夫多妻或一妻多夫制。其次也有法律未加干涉而舆论却很重视的层次。最后,还有理论上虽然未加说明,事实上却是由个人选择的层次。世界上,除了苏联之外,还没有哪个国家,世界历史上也没有哪个时代,是基于理性来决定性道德和性制度的。① 我的意思并非说苏联这方面的制度完美无缺,只是说这些制度并非出自迷信与传统;而历史上其他国家的性制度则至少部分是源于迷信和传统。从普遍的幸福愉快

①该书写成于1929年,当时仅有苏联是社会主义国家。——校注(本书以下注释凡未标明注者的均系原注。——译者)

这一观点来看，要确定什么样的性道德是最佳的性道德，这是个极为复杂的问题；而且由于环境的差别，答案也极不相同。发达的工业社会的性道德不同于原始的农业国的性道德。医学卫生发达而死亡率较低的地方的性道德，也不同于瘟疫横行、在人未成年之前便被夺走大量生命的地区的性道德。也许，随着知识的增长，我们还能知道在不同的气候条件或饮食习惯下，最佳性道德也会各不相同。

出于个人、婚姻、家庭、民族与国际的原因，性道德的结果也千差万别。在这些因素中，某些情况下很可能产生好结果，而某些情况下又很可能产生坏结果。我们在决定要对某一特定的制度进行考察之前，都必须对这些因素加以考虑。我们先从纯个人的原因开始，这些原因即是精神分析所考虑的结果。这里不仅必须重视某一准则所养成的成人行为，而且还得重视意在使之服从这一准则而进行的早期教育。现在我们已经知道，早期禁忌在这方面的结果可能非常奇特和间接。在这个方面，我们是站在个人幸福的标准上来看问题的。当考虑男女关系时便产生了第二阶段的问题。很明显，某些性关系的价值高于别的性关系。大多数人会同意，有较多精神因素的性关系比纯肉体因素的性关系更为美妙。确实，如下观点已经从诗人传到了文明男女的普遍意识中，即性关系中掺入的男女双方的个性越多，爱情的价值也就成比例地上升。此外，诗人们还教会许多人按性关系的强烈程度来评价爱情。不过,这是一个更可争议的问题。大多数现代人认为,爱情应该是一种平等的关系。因此,根据这一点(如果没有别的根据的话),可以认为像一夫多妻这样的制度就决不是一种理想的制度。在这个问题上,有必要自始至终考虑婚姻与婚外性关系这两方面,因为无论哪种婚姻制度占了优势,婚外性关系都会相应地发生变化。

我们接着再来看家庭问题。不同的时代与不同的地点存在过许多不同类型的家庭集团,但是,家长制家庭占有很大的优势,而且,一夫一妻制的家长制家庭较之一夫多妻制的家庭已经越来越占优势了。基督教出现以前,西方文明中的性道德的原始动机就一直想保证妇女的贞洁。没有这种贞洁,家长制家庭就不可能存在,因而父权就不能确定。基督教坚持加上男子贞操的心理因素,是源于禁欲主义,这一目的在近代由于女性的妒忌得到了强化。随着妇女的解放,这点变得很有影响力了。然而,要求男子贞操的目的似乎是暂时的事,因为如果我们从表面判断的话,妇女将倾向于允许男女均有自由的制度,而不是那种限制男子但迄今为止却只是妇女受罪的制度。

不过,在一夫一妻制的家庭内部也有种种不同。婚姻可以由各方自己或其父母决定。有些国家是买新娘,而有些国家(如法国)又是买新郎。于是就可能产生五花八门的离婚形式。诸如既有天主教禁止离婚的极端形式,又有仅仅因为妻子唠叨丈夫就可以与之离婚的旧中国的法律。为了物种的保护,动物和人类在性关系上都产生了坚贞不移或者半坚贞不移的爱情。雄性参与对后代的抚育也成了必要的事。例如鸟类就必须孵卵,以保持卵的温度,而白天还得用许多时间外出觅食。在许多鸟类中,要由一只鸟担负起这两种任务是不可能的,因此雄鸟的合作就至关重要了。这样做的结果是使大多数鸟类都成了美德的楷模。人类中,父亲的合作对后代来说是一大生物优势,在动乱时代和骚动不安的群体之间尤其如此。然而,随着现代文明的发展,父亲的作用正不断为国家所取代。因此,有理由认为,父亲的生物优势的完结将为时不远了,至少在以工资为生的阶级中将会如此。如果这种情况当真发生的话,传统道德的彻底解体无疑是必然的,因为母亲将完全不必再希望明确其孩子的父亲了。柏拉图将会让我们再跨进一步,即不仅让国家取代父亲的作用,而且也取代母亲的作用。不过,我本人对国家的赞赏和对孤儿院的喜爱程度倒还没有热情到足以赞成这一方式的地步,但是,经济力量使之在某种程度上采用这种方式也并不是不可能的事情。

法律从两个不同的方面涉及性问题:一方面强化社会奉行的任何性道德;另一方面,在性领域里又保护个人的一般权利。后者主要有两个方面:一是保护妇女与未成年者不受攻击，不受有害的剥削；二是预防性病。这两方面的是非曲直都没有得到普遍的讨论，因此，也就没有对它们进行应该进行的有效探讨。前者如有关白奴贩运的歇斯底里的运动，结果导致通过了使职业犯罪者轻而易举就能躲避责罚的法律，从而为讹诈无害的人们提供了机会。至于后者，那种认为性病是对罪恶的正义惩罚的观点，妨碍了我们采取从纯粹医学意义上来看最为有效的措施。普遍认为性病可耻的态度使性病得以有藏身之地，使得我们无法对其进行迅速有效的治疗。

最后，我们来谈谈人口问题。这个问题本身就是必须从多种观点来考虑的重大问题。诸如母亲健康问题、儿童健康问题、大型家庭和小型家庭分别对孩子性格产生影响的心理作用问题，这些可以称之为卫生方面的问题。另外还有个人与社会的经济方面的问题，即与家庭规模大小和社会出生率高低有关的家庭和社会的人均财富问题。与此紧密相连的是对国际政治和世界和平的可能性有影响的人口问题，以及由于社会不同阶层出生率与死亡率的差异而影响到种族改良或退化的优生问题。任何性道德在没有从上述各点上加以考察之前，都没有充分的理由被称为合情合理或遭到非议指责。无论改革者还是反动派都无一例外地仅考虑了这个问题的一个方面，至多也不过两个方面而已。把私人观点与政治观点结合起来的看法就更是凤毛麟角了。然而,要说这两种观点中哪一种更为重要,这是完全不可能的事。我们不能先验地断言,一个从私人观点看是好的制度就意味着从政治观点来看也一定是好的制度;反之也是这样。我自己的看法是,在大部分时代和大部分地方,由于模糊的心理力量,人们采取了包含有完全不必要的残忍性的制度。而且,在当代最为文明的种族之中,这种情况仍然存在。我也相信,由于医学卫生事业的发展,无论从私人观点还是从公共观点来看,性道德都发生了令人称道的变化。同时,由于国家在教育事业中作用的增强,使有史以来父亲的重要作用正在逐步地减弱。所以,我们在对当前的性道德进行批判时便肩负着双重任务:一方面要消除常常是潜意识的封建因素,另一方面又必须考虑那些使过去的智慧变得愚蠢可笑而不能成为当今智慧的全部新因素。

为了透视现存的制度,我将首先研究过去存在、目前仍然存在于人类不甚文明的社会中的一些制度,然后描述当今西方文明流行制度的特点,最后研究这个制度中应该修改的各个方面,以及希望这些修改发生的原因。

第二章

# 未知的父性

婚姻习俗始终是三种因素的混合物，这三种因素可以分别泛称为本能的、经济的和宗教的。我的意思并不是说婚姻习俗中的这三种因素和别的领域相比可以更容易地截然区别开来。商店星期天关门这一习俗有其宗教的原因，但现在却是一种经济行动，与性有关的许多法律和习惯也是如此。一种源于宗教的有用习惯在其宗教基础已经崩溃之后，却常常因为其实用性而幸存下来。要区别什么是宗教因素，什么是本能因素，也是一件难事。任何对人的行为具有强大控制力的宗教因素一般都具有某些本能的因素。但是，宗教因素由于传统的重要性和偏爱各种不同行为中的某些行为而变得卓尔不凡，尽管所有这些行为从本能上看都是可能的。例如，爱与妒忌两者都是本能的情感，但宗教却认为，妒忌是一种美好的情感，社会应予以支持，而爱最多不过是一种可以谅解的情感。

性关系中的本能因素比人们通常所想象的要少得多。本书中除了必须说明当代问题的情况外，涉足人类学问题并非我的本意。但是，为了说明问题，其中一个方面却十分需要这门科学，即有许多我们可能认为与本能相悖的习俗，却能够长期留存而没有导致与本能发生任何重大或明显的冲突。例如，牧师有权（有时是公开的）奸污处女，就是野蛮种族和某些比较文明的种族的一种普遍习俗。基督教国家的人们认为占有处女的贞操应该是新郎的特权，但大多数基督教徒，至少到近代为止，却宁可把他们对宗教占有处女贞操这一习俗的反感当作一种本能。把妻子借予客人作为好客的一种表现方式，也是现代的欧洲人本能觉得反感的习俗，然而这种习俗却曾经非常普遍。一妻多夫是无知的白人认为与人类本性相悖的另一种习俗，戮婴行为更是如此。但事实表明，似乎经济发达的地方戮婴行为更易发生。凡是涉及人的地方，本能就极其模糊，容易偏离其自然轨道，这也是事实。野蛮人也好，文明社会也好，情况都是如此。事实上，“本能”这个字眼在用于描述像人类性行为这样远非一成不变的事情时，很难说得上是个合适的词。从严格的心理学意义上讲，在这整个范围内只有婴儿期的吮奶行为才能被称为本能行为。我不知道野蛮人的情况怎样，但文明人必须学习进行性行为①。结婚几年的夫妇向

①参看哈夫洛克·埃利斯：《性心理研究》，第4卷，第510页。

医生请教如何才能生孩子,一经检查,发现这些夫妇还不知道如何性交,这种情况屡见不鲜。由此可知,从严格意义来说,性行为并不是本能行为——尽管人对性行为有种自然趋势,而且如果没有性行为,性的欲望也不容易满足。确实,对于人来说,我们没有那种在其他动物中可以发现的准确的行为模式。那种意义上的本能被某种很不相同的东西取代了。对于人来说,首先是由于性欲的不满足而引起了多少是带随意性的、不完美的活动,但逐步地、多少是带偶然性地达到了能产生满足的活动。于是这种活动便反复地进行了。因此,所谓的本能与其说是完成了的活动,还不如说是要学会这种活动的冲动。而且能产生满足的活动常常根本不是事先就明确决定了的,虽然生物学上最为有利的活动通常都能产生最完全的满足——假如这种活动是在相反的习惯养成之前学会的话。

既然所有文明的现代社会都建立在家长制家庭的基础之上,既然为了建立家长制家庭已经建立起妇女贞洁的完整观念,那么了解是什么样的自然冲动产生了父性感情这一点就很重要了。这个问题绝不像草率的人们可能想象的那样简单。母亲对自己孩子的感情是一种很容易理解的感情,因为母子之间有紧密的肉体联系,至少在断奶之前是这样。但是,父亲与孩子的关系,即生理方面的关系,却是间接的、假设的和推断出来的;它和妻子的贞洁那样的信念有十分紧密的关系，因此，属于非常理智的范围，严格说来不能认为是本能。如果人们认为父性感情在本质上必须是针对男人自己的孩子的话，那父亲与孩子的关系至少在表面上看来是这样。然而，事实并非必然如此。美拉尼西亚[①]人就不知道人还有父亲。但是，在他们当中，父亲们至少是喜爱孩子的，热爱程度并不亚于那些知道自己是其亲生孩子的父亲。这就对马林诺夫斯基[②]关于特罗布里恩德岛民[③]父性心理的著作做了说明，特别是对《野蛮社会中的性与压抑》《原始心理中的父亲》《西北美拉尼西亚野蛮人的性生活》这 3 本书做了说明。任何人要想了解我们称之为父性的这种复杂感情，这 3 本书都是必读之作。事实上，两个十分清楚的原因都可能使男人对孩子发生兴趣——因为他相信这是自己的亲生孩子，或者知道这是自己的妻子所生的孩子。第二种动机在不知道"父亲"的情况下才起作用。

马林诺夫斯基提出特罗布里恩德群岛的岛民不知道人有父亲，这一事实是毋庸置疑的。例如，他观察到，当男人出海一年左右回来，发现妻子有了新生儿时，他喜不自胜，根本不能理解欧洲人关于怀疑自己妻子贞洁问题的暗示。

---

①美拉尼西亚位于西南太平洋。——中译注

②马林诺夫斯基(1884~1942)：英国(波兰裔)人类学家。——中译注

③特罗布里恩德岛位于大洋洲。——中译注

更令人信服的是，马林诺夫斯基发现一个有良种猪的岛民竟然把雄猪全部阉割了，根本不知道这样干会使猪退化。人们认为，神灵会带来孩子，并把孩子植入母亲体内。他们还认为处女不能怀孕，因为处女膜是妨碍神灵活动的物质障碍。未婚男女过着完全无拘无束的爱情生活，但不知什么原因，未婚姑娘却极少有人怀孕。令人奇怪的是，如果她们怀了孕反倒会被认为是不光彩的，尽管按照当地习俗，姑娘们干的任何事情都不对怀孕负责。对这些生活，姑娘迟早都要感到厌倦，于是便结婚了事。婚后，她去丈夫所在的村庄生活，但人们仍然把她本人和她的孩子当作她来的那个村庄的人，并不认为其丈夫与孩子有任何血缘关系。血缘关系也只从母系方面查找。特罗布里恩德岛民授予母系方面的舅父对孩子们行使那种类似父亲的权力。但是，这里却有种十分奇特的复杂情况。兄弟姊妹之间的禁忌极其严厉。因此，当长大成人之后，兄弟姊妹在一起时绝不能谈与性有关的任何问题。结果是，虽然舅父拥有对孩子的权威，但除了孩子离开母亲和离开家庭外，他很少见到孩子。这一奇妙的制度使孩子能获得其他地方闻所未闻的那种没有拘束的感情。父亲和他们一道嬉戏玩耍，爱护关心他们但却无权支派他们，而有权支派他们的舅父却又不能到场。

很奇怪的是，尽管他们认为孩子与其母亲的丈夫之间没有血缘联系，但却希望孩子要像其母亲的丈夫，而不要像母亲或母亲的兄弟姊妹。他们认为,提到兄弟姊妹之间或孩子与母亲之间有什么相像之处,哪怕是最明显不过的相像之处,都是十分恶劣的行为,都会遭到坚决的否认。马林诺夫斯基认为,父亲对孩子的感情是因孩子像父亲不像母亲这一信心激发的。他还发现,这种父子关系往往比文明人父子间的关系更为和谐深情,而且他也没有发现人们可能会预料的恋母情结的蛛丝马迹。

马林诺夫斯基发现,尽管他做了最大的努力,仍无法让岛上的朋友相信还有父性这种东西。他们认为这是传教士们杜撰出的蠢话。基督教是家长制的宗教,对那些不承认父权的人,无论从感情上还是理智上,都是不可能让他们接受的。不应该说“天父”,倒有必要说“天舅”了。但这也不是父权的确切意思,因为父权含有权与爱这样的双重意思,美拉尼西亚岛的舅父只拥有权,而父亲又只拥有爱。人是上帝之子这个观念是无法向特罗布里恩德的岛民传播的,因为他们根本不认为哪个人是男人的孩子。结果,传教士还未来得及传教就被迫先对付生理学的现实去了。人们从马林诺夫斯基身上推测,他们的初期工作并未取得成功,因此,无法进行传教活动。

马林诺夫斯基认为,要是一个人在妻子怀孕、生产期间都不离开妻子,那么,当孩子生下时他就会产生一种喜爱孩子的本能倾向,这就是父性感情的基础。我认为,马林诺夫斯基这个见解肯定是正确无疑的。他说:“可以证明,最初显得几乎完全缺乏生物学基础的父性其实深深地植根于天赋与有机的需要之中。”但是,他又认为,一个人要是在妻子怀孕时并未在其身边,开始时本能上是不会对孩子有感情的。虽然这种感情最终会发展得好像他始终和妻子朝夕相伴的那样——如果习俗和部落的道德规范使他和妻子与孩子结合的话。在所有重要的人类关系中,那些本能没有足够力量去加以推动的行为,如果是社会赞赏的行为,就会受到社会道德的强化。这种情况在这些野蛮人之中也是如此。当孩子年幼时,习俗迫使母亲的丈夫照料他们,保护他们。这种习俗并不难加强,因为它通常都和本能并行不悖。

我认为,马林诺夫斯基用来说明美拉尼西亚的父亲对自己孩子态度的那种本能,比他著作中谈到的更为普遍。我觉得,无论是男人还是女人,对他或她不得不照料的任何孩子,心中都有一种喜爱的意向。即使首先只是风俗习惯或者工资的原因使一个成年人去照料孩子,然而仅仅是照料这个事实,大多数情况下也将使感情得到增强。无疑,如果这孩子是一个他所钟爱的女人的孩子,这种感情也就得到了强化。因此,这些野蛮人对妻子的孩子表露相当的挚爱之情就是可以理解的了。当然也可以肯定,这也是文明人喜爱自己孩子的一大因素。马林诺夫斯基认为——还很难看出该怎样反驳他的看法——整个人类肯定也经历过特罗布里恩德岛民们目前正在经历的阶段,因为历史上肯定有一段父权得不到承认的时期。包括有一个父亲的动物家庭,肯定也有相同的基础,因为它们不可能有别的任何基础。只有在人类中间,当人们了解到父亲这一事实后,父性感情才采取了我们所熟悉的这种形式。

第三章

# 父亲的支配地位

一旦父亲身份的生理事实得到承认，一个全新的因素便渗入了父性的感情，正是这个因素导致了几乎各个地方都产生出父系社会。一旦父亲认识到，孩子就像《圣经》所说的那样是他的"种子"时，对权力的热爱和对死亡的反抗这两种因素便强化了他对孩子的感情。从某种意义上说，一个人的后代所取得的成就也是他的成就，后代的生命也是他自己生命的延续。他的抱负已经不是在坟墓中找到归宿，而是通过后代的事业得到无限的延长。因此，我们完全可以想象当亚伯拉罕得知他的子孙将拥有迦南①时的那种满足心情。母系社会中，家庭的抱负不得不受妇女的限制。由于妇女并不参战，她们可能产生的家庭抱负——其结果就不如男人的抱负。因此，人们必定认为，父亲地位的发现

①迦南：《圣经》中上帝赐给亚伯拉罕的地方。——中译注

将会使人类社会比在母系社会阶段时更具竞争力,更有活力和动力,更为忙乱动荡。除了这个在某种程度上是假设的影响之外,还有一个新的、十分重要的要求妻子坚守贞操的原因,即妒忌的纯粹本能因素远远不如大多数现代人所想象的那么强。家长制社会中,妒忌的极端力量是出于对后代血统不纯的恐惧。这从下面的事实也可看出:一个对妻子厌倦而移情于情妇的男人,在涉及妻子的地方,其妒意仍然更甚于他发现另有对手与之争夺其情妇的爱情时的心情。嫡生的孩子是男人自我的延续,他对孩子的爱也是自我主义的一种形式。另一方面,如果孩子不是嫡生,这个形式上的父亲就是被骗来对一个与他毫无生物联系的孩子浪费其感情。因此,父权的发现使妇女的服从——首先是身体上的,然后是精神上的服从——成了保证妇女贞操的唯一手段,这一点在维多利亚时代达到了登峰造极的地步。由于妇女的服从,大多数文明社会中的夫妇之间便失去了真诚的伴侣关系,转而成了一方的恩赐和另一方的责任。男人对自己所有重要的思想和目的都秘而不宣,因为粗野的想法可能招致妻子的背叛。大多数文明社会中,女人被剥夺了几乎全部生活世事的经历,被人为地搞得愚不可及,因而索然无味。人们从柏拉图的对话①中可以得到这样的

①指柏拉图的《对话录》一书。——中译注

印象:他和他的朋友认为男人才是严肃爱情的唯一正当的对象。因此,当一个人发现柏拉图他们所感兴趣的一切与雅典上流女人都无缘的时候,就不会感到惊奇了。直到最近,中国的这种状况依然如此;诗歌繁荣时代的波斯,以及其他许多时代和地方,也是这种情况。爱情作为男女之间的一种关系,被想弄清孩子是否嫡生的欲望摧毁无遗。同样的原因不仅毁掉了爱情,而且还阻碍了妇女对文明所能做出的全部贡献。

当断定血统的方法改变了的同时,经济制度自然也发生了变化。母系社会中,男人继承舅父,但在父系社会中却继承父亲。父系社会中的父子关系比母系社会中男性之间的任何关系都更紧密。正如我们已经知道的那样,我们自然地赋予父亲的责任在母系社会中由父亲和舅父来分担——慈爱与关切来自父亲,而权力与财产却来自舅父。所以,显而易见父系家庭比更原始类型家庭的联系更亲密。

这样看来,似乎只是因为有了家长制这一制度,男人们才逐渐有了要求新娘具有处女身份的愿望。母系社会里,年轻女子和年轻男子一样,婚前可以恣意享乐。但是,当迫切需要妇女相信婚外性交是件邪恶的事情时,这种纵情就不可容忍了。

父亲们一经发现了自己的存在,便处处把它利用到了极端程度。文明的历史主要就是父权逐渐衰败的记录。在大部分文明国度里，父权正好在历史记录开始之前达到了巅峰。中国和日本一直延续到现在的祖先崇拜，看来就是早期文明的一个普遍的特点。父亲对孩子拥有绝对权力，就像古罗马那样，这一权力扩大到从生到死的许多方面。许多国家在整个文明的进程中，儿女在得到父亲的同意之前都不能结婚。父亲决定儿女应该和谁结婚也屡见不鲜。妇女一生中，任何时期都没有一点独立的存在，她先得服从父亲，随后又得服从丈夫。同时，直至今日，老年妇女在家庭内部又能行使几乎是专横的权力，儿子和儿媳与她同屋而居，儿媳完全服从于她。年轻的已婚妇女由于婆婆虐待而被迫自杀的事在中国还时有所闻。在中国见到的这种情形，直到不久以前在欧洲和亚洲的所有文明国家里也还屡见不鲜。当耶稣说，他是来让儿子反抗父亲、媳妇反抗婆婆时，他正是想到了这种今天在远东还存在着的家庭。父亲最初用其优势力量获得的权力被宗教强化了，这种强化的许多形式都是有关神灵支持政府的信条。祖先崇拜或类似的崇拜流传十分广泛。我们已经知道，基督教的宗教思想充满了父权的威严。社会的君主制和贵族制组织，以及遗传制度总是以父权为根据。最初支撑这一制度的是经济目的。在《创世记》中我们可以看到，人们是多么希望后代成群，当他们有了成群的后代时又是多么的有利。儿子的增加与牲畜的增加一样的有利。因此，那时候耶和华下令人们繁衍后代，增长人口。

但是，由于文明的进步和经济环境的变化，曾经鼓吹私利的宗教说教也开始变得令人生厌。罗马繁荣昌盛之后，贵族也不再追求儿女成群。在整个罗马繁荣的后几个世纪里，尽管道德家们鼓吹，但罗马贵族仍然在不断地衰亡。当时和现在一样，道德家的鼓吹是那样的苍白无力。离婚已变得轻而易举，并且比比皆是。上流社会的妇女取得了和男子平等的地位，父亲唯上(patia potestas)的情况越来越少了。这一发展在许多方面都和现在的情况别无二致——只不过仅仅限于上流社会，同时使那些尚未富足到足以从中获益的人们震惊不已。同现在相比，古代的文明因局限于很少一部分人受到影响，正是这个原因使得文明在持续的同时又很不稳定，最终屈从于下层社会爆发的大量迷信意识的冲击。基督教和野蛮人的入侵毁掉了古希腊罗马思想体系。家长制保存了下来，甚至在最初与罗马贵族制相比还得到了加强；家长制也使自己适应了新的因素，即基督教的性观念和源于基督教灵魂与拯救教义的个人主义。从生物学上说，没有哪个基督教社会有古代文明与远东文明那么坦率。此外，基督教神学的个人主义逐渐影响了基督教国家的政体，同时，对个人不朽的希望减少了人们对通过后代的生存达到不朽的兴趣。他们以前认为，后代的存在似乎是达到不朽的捷径。现代社会虽然仍旧是父系社会，家庭也仍旧存在,但现代社会对父权的重视却大不如古代社会。而且,家庭的力量也远不如前了。当今男人们的希望与抱负已完全不同于《创世记》中家长们的希望与抱负。他们希望通过自己在国家中的地位而不是通过拥有成群的后代来取得重大成就,这一变化也是传统道德和传统神学的力量被大大削弱的原因之一。然而这一变化本身其实也是基督教神学的一部分。要明白这种变化为什么会发生,就不得不考察宗教如何影响了人们的婚姻观念与家庭观念这个问题。

第四章

# 生殖器崇拜、禁欲主义与罪恶

父权的事实一经发现,性就成了宗教一直很感兴趣的问题。这不会出乎任何人的意料之外,因为宗教关心一切神秘重要的事。在农业与畜牧业初期,多产问题——无论是农作物、牲畜,还是妇女的多产——都是头等重要的事情。但作物并不总是茂盛多产,性交也并非总是能引起怀孕。为了确保能实现自己所希望的结果,人们便求助于宗教与巫术。根据通常具有同情心的巫术观点,人们认为提高人类的繁殖力也就可以提高土壤的肥力。许多原始社会都期望提高人类的繁殖力,这种期望为各式各样的宗教仪式与巫术仪式所增强。在古埃及,似乎在母系时代结束之前就已出现了农业,宗教中的性要素开始时并不与阴茎有关,而是与女性性器官有关。人们认为贝壳表示女性性器官的形状,因此认为贝壳是有魔力的东西,便逐渐把贝壳当作货币使用。但是,这个阶段终于过去了。与大部分古代文明一样,后期古埃及宗教中的性要素便采取了阴茎崇拜的形式。罗伯特·布立福尔所著《文明中的性》①一书中有一章对此作过最为精彩的简述:

> 世界各地、各个时代的农业节日,尤其是与播种和收获有关的节日,是普遍的性放纵的最引人注目的例子。……阿尔及利亚的农民厌恶对妇女的放纵所加的任何限制,认为强化性道德的任何企图都不利于他们农事活动的成功。雅典的**播种节**(Thesmophoria)还保留着某种形式的生殖魔力的原始特点。妇女们佩戴着象征男人生殖器的东西,说着荡言猥语。**农神节**(Saturnalia)是罗马的播种节,后来又出现欧洲南部的**狂欢节**(Carnival),这些节日里出现的男性性器官象征和苏塞克斯及达荷美流行的男性象征并无什么差别。这些流传下来的性象征也是突出的特点。②

世界上有许多地方的人认为,月亮(被当作男性)是所

---

①由 V. F. 卡尔文顿和 S. D. 施马尔豪森编辑,哈夫洛克·埃利斯写导言。

②布立福尔:《文明中的性》,第 34 页。

有孩子真正的父亲。[①] 当然这一观点肯定是月亮崇拜的缘故。有一个和这个题目不是直接有关的问题:研究月亮与研究太阳的教士之间,阴历与阳历之间一直存在着奇怪的冲突。宗教中,日历一直起着重要的作用。由于觉得格里历[②]是天主教的历法,英国直到18世纪,俄国直到1917年革命为止,都使用着不准确的历法。同样,由于致力月亮崇拜的牧师们到处鼓吹很不准确的阴历,使阳历的胜利缓慢而又不全面。这种冲突在埃及曾经是内战的原因。人们可能会认为这和语法上关于"月亮"这个词到底是阴性还是阳性的争论有联系。直到现在,德国人还仍然认为是阳性。因为耶稣在冬至日诞生,复活节月圆时复活,因此太阳崇拜和月亮崇拜双方都在基督教中留下了踪迹。要赋予原始文明任何程度的理性虽然不免草率,但是要反对下述结论却颇为困难,即太阳崇拜者的胜利,不管是在哪里胜利的,都是因为太阳对庄稼的作用比月亮更大这一明显的事实。因此,农神节一般都是在春天。古代所有的异教中都存在着许多阴茎崇拜的因素,于是便向教士们提供了许多争论的

---

①在毛利国,"月亮是所有妇女永恒的丈夫或真正的丈夫。根据我们祖先的看法,丈夫与妻子的婚姻并不重要,月亮才是真正的丈夫"。世界上大部分地区存在着相同的观点,这显然代表着父权从尚不为人所知的阶段到完全被承认的阶段的过渡。布立福尔:《文明中的性》,第37页。

②指目前各国所使用的阳历。——中译注

武器。但是，尽管他们争论不休，阴茎崇拜却在整个中世纪复活了，只有新教最后才成功地消除了这一崇拜的一切残余。

在佛兰德[①]和法国，猥亵的圣徒有的是，如布列塔尼[②]的圣·贾尔斯，安如[③]的圣·雷内，布尔日[④]的圣·格雷卢隆、圣·雷格劳德、圣·阿劳德。整个法国南部最有名的是圣·福廷，他因当上了里昂首任大主教而闻名遐迩。当他在昂布伦[⑤]的圣祠被法国新教徒毁掉时，这位圣人非凡的生殖器雕像却被人从废墟中抢救出来。他的崇拜者用大量的祭奠用的葡萄酒把它染成红色——用祭奠酒浇他的生殖器雕像是崇拜者们的习俗。随后他们便痛饮一番，认为这是对付妇女不孕与男人阳痿的灵药。[⑥]

①佛兰德为欧洲中世纪伯爵的领地，现为比利时的东、西佛兰德省及法国北部的一部分。——中译注

②布列塔尼为法国西北部地区。——中译注

③安如为法国西部一地区。——中译注

④布尔日，法国地名。——中译注

⑤昂布伦，法国地名。——中译注

⑥布立福尔：《文明中的性》，第 40 页。

神圣卖淫也是古代非常普遍的另一种习俗。有些地方，平时体面高雅的妇女也到寺庙去和牧师或者萍水相逢的陌生人性交。有时，女教士们自己也是神圣的妓女。也许这些习俗出自让妇女通过神灵垂爱而获得生殖力，或者是通过同情感应的巫术使农作物结实的尝试。

到目前为止，我们都是讨论宗教中的亲性因素。然而从很早以前开始，反性因素就与其他因素同时并存了。而且在基督教或佛教盛行的地方，这些因素最后都战胜了对立因素。威斯特马克①列举了许多例子说明他所称的“一种奇特的观念，即认为婚姻中总有不纯洁和罪恶的成分，就像性关系中也普遍有一样”②。在远离基督教和佛教的影响而与此完全不同的地方，也一直存在男教士与女教士发誓独身的情况。犹太人中，苦修教派则认为一切性交都是不道德的。在古代，这一观点即使在对基督教极为敌对的圈子里似乎都有市场。罗马帝国的人对禁欲主义确实有种普遍的倾向。在有教养的希腊人与罗马人中，享乐主义几乎已经消失，代之而起的是禁欲主义。在许多作者不详的书中，有不少段落都提出了与古书《旧约·圣经》中那种强烈的男子气概十分不同的对妇女的僧侣似的态度，新柏拉

①威斯特马克(1862~1939)：芬兰哲学家和人类学家。——中译注

②威斯特马克：《人类婚姻史》，第151页。

图主义的禁欲主义几乎与基督教一模一样。物质就是罪恶的教条从波斯传到西方,随之也带来了一切性交皆淫猥的信念。教会的这种观点虽然还不是极端形式,但我要到下一章才加以探讨。显而易见,在某种情况下使人们自发地产生了性恐惧。而且,当性恐惧产生时,又和更为平常的性吸引一样,成了一种自然的冲动。我们要是想判断什么类型的性制度最可能满足人类本性的话,就有必要从心理上考虑这一点,了解这一点。

首先应该说明,把信念看成这种态度的来源毫无意义。这类信念首先必须由某种心情来激发;诚然,信念一旦产生就可能使这种心情永远存在,或至少根据这种心情产生行动。但是,信念却不大可能是反性态度的主要原因。我要说,反性态度的两个主要原因是妒忌和性疲劳。只要一产生妒忌,即使是轻微的妒忌都会使性行为显得令人厌恶,使导致性行为的性欲望令人讨厌。一个纯本能的人,要是他能够随心所欲的话,他会让所有的女人都爱他,并且仅仅爱他一人。这些女人如果可能给予其他男人爱的话,就会使他大动肝火,并很容易转变成道德谴责。如果那女人是他妻子的话,情况就会更严重。例如,人们发现,莎士比亚剧作中的男人都不希望自己的妻子多情热烈。照莎士比亚的看法,称心如意的女人应该是出于责任感而心安理得地投入丈夫的怀抱,她不应该想到有情人。然而性本身对她来说并不是一件赏心悦目的事，仅仅是因为道德律令的要求她才能够忍受。当本能的丈夫发觉妻子已经背叛自己时，心中就充满了对妻子及其情夫的憎恶，很容易得出一切性都是卑鄙下流的结论。要是他由于无节制或年老而阳痿就更是如此。由于大多数社会的老年人比年轻人更有影响力，所以，关于性问题的官方看法和正确看法自然就不同于急躁的年轻人的看法了。

性疲劳是由文明输入的一种现象，动物之间必定不知此事，在不开化的人中间也必定十分鲜见。除了很少数情况外，一夫一妻制婚姻不大可能出现性疲劳，因为大部分男人都需要有新奇感才能使他们在生理上无所节制。当妇女能自由地拒绝性交时，也不大可能出现性疲劳现象。因为在那种情况下就像雌性动物一样，每次性交行为之前她们都需要求爱，如果觉得男人的情感不足以激发她们的话，是不会同意性交的。文明所能给予的这种纯本能的感情和行为太罕见了。经济因素对消除性疲劳起的作用最大。已婚妇女和妓女一样通过性魅力求得生存。因此，当本能促使她们施展魅力的时候，她们并不仅仅是屈服而已。这样就大大减少了求爱的作用，这是自然界对性疲劳的预防。结果，那些不用相当僵硬的性道德来约束自己的男人，容易放纵无度，最后就产生了厌倦和厌恶的感情，这自然就导致了禁欲主义信念。

当妒忌与性疲劳相辅相成时,通常情况也是如此,反性的感情力量就可能变得非常强大。我认为,这正是淫逸无度的社会中容易滋长禁欲主义的主要原因。

然而,独身作为一种历史现象也还有别的原因。可以认为那些献身于神学事业的男教士与女教士是和神结了婚的,因此受到约束,不能与尘世众生发生任何性行为。自然,他们被看得格外神圣。因此,神圣与独身便由此而联系在一起了。直至今日,天主教会的修女仍被当作基督的新娘。人们认为她们和凡夫俗子性交是一种罪恶,这当然是原因之一。

我怀疑除了我们已探讨过的这些原因外,其他不甚明确的原因也与古代社会末期不断上升的禁欲主义有某种联系。历史上有这样的时代:生活似乎兴高采烈,人们生气勃勃,尘世欢乐足以使人们完全满足;也有这样的时代:人们似乎萎靡不振,世界缺乏足够的欢乐,人们依赖精神安慰和来世生活以弥补现世的空虚。试把"歌中之歌"的所罗门[①]与《传道书》[②]中的所罗门加以比较:一个代表鼎盛时期的古代世界,一个则代表衰颓时期的古代世界。我不敢声言自己知道这种差别的原因。也许是某种非常简单的生理上

①所罗门:《圣经》记述的以色列贤明的国王。——中译注

②《传道书》:《旧约·圣经》中的一卷。——中译注

的原因，例如，固定的都市生活取代了积极的野外生活。也许因为禁欲主义者们懒散迟钝，也许因为《传道书》的作者锻炼不够而认为一切都虚无缥缈。然而，毫无疑问，像他那样的心情极可能容易使他对性持谴责的态度。可能是我们谈到的种种原因和其他各种原因对古代社会后期普遍的厌倦情绪起了作用，而禁欲主义就是这种厌倦情绪的一个特点。然而，不幸的是，正是在这一颓废没落的时期中，基督教道德日趋形成了。古代社会末期生气勃勃的人，不得不竭尽全力实行属于早已失去一切生物价值和人类生命连续性意义的那些不健全的、消沉的、幻想破灭者们的人生观。不过，这已是下章要探讨的问题了。

第 五 章

# 基督教的道德观

威斯特马克说:“婚姻植根于家庭之中,而不是家庭植根于婚姻之中。”这种观点在基督教之前的时代应该是不言而喻的。然而,由于基督教的出现,这种观点却成了需要强调的重要问题。基督教,特别是圣·保罗,提出了一种全新的婚姻观,即婚姻的存在主要不是为了生儿育女,而是为防止私通的罪恶。

圣·保罗在致哥林多①人的《哥林多前书》中明晰透彻地提出了他的婚姻观。人们认为,哥林多的基督徒有种奇特的习俗——与其继母有着非法关系(该书第7章,1~9),圣·保罗认为需要重点论述这一状况。他提出的观点如下:

1.现在就你们所提之事回复如下:男人别碰

①哥林多:古希腊著名的奴隶制城邦。——中译注

女人才好。

2. 然而,为避免私通,让每个男人有自己的妻子,让每个女人有自己的丈夫。

3. 让丈夫出于爱戴报答妻子;同样,妻子也出于爱戴报答丈夫。

4. 妻子对自己的身体没权力,有权力的是丈夫;同样,丈夫也对自己的身体没有权力,有权力的是妻子。

5. 你们不得相互违约,除了经对方同意而进行斋戒和祈祷的时期外;然后再结合,撒旦①并非因为你们无自制力才引诱你们。

6. 但是,我这么说是允许你们如此,而并非命令你们如此。

7. 因为我愿所有男人都像我一样。但是每个人都有上帝的独特赐予,这个人是这种方式,另一个人又是另一种方式。

8. 因此我对未婚者和寡妇们这么说,如果他们像我这样遵奉信条是件好事。

9. 但是,要是他们不能做到,那就让他们结婚吧,因为结婚总比让欲火毁掉好。

---

①撒旦指魔鬼。——中译注

从这一段可以看到,圣·保罗根本没有提及孩子,结婚的生物意义对他显得完全无关紧要。这很顺乎自然,因为他认为基督的再临近在眼前,世界不久将会终结。当基督再临时,人们将被分为绵羊与山羊,那时唯一真正要紧的是发现自己在绵羊群中。圣·保罗认为,即使是婚姻中的性交对获得灵魂拯救也是一种障碍(《哥林多前书》第7章,32~34),但是,已婚者也可能获救。然而私通却是莫大之罪,顽固不化的私通者必定发觉自己在山羊群中。我记得医生曾劝我戒烟。他说,要是想吸烟就去吸酸液,戒烟就更为容易。圣·保罗就是基于这种想法建议结婚的。他并非向人暗示结婚就和私通一样欢愉,但他认为这能使意志更薄弱的教友们经受住诱惑;他也不认为婚姻有任何积极的好处,或者夫妻之间的感情是美好的、令人赞赏的,他对家庭没有丝毫兴趣。私通是他思考的中心问题,他的整个性道德都是联系这一点考虑的。这似乎和人们认为烤面包的唯一原因是为了防止人偷糕点的想法一样,圣·保罗并非想特意告诉我们他为什么认为私通如此邪恶。人们颇容易怀疑,在他抛弃了摩西法①而因此可以随意吃猪肉后,他不过是想表示其道德观念仍然和正统的犹太人一样严肃。也许,禁止吃猪肉的漫长时期已经使犹太人认为吃猪肉就和

①摩西法:见《旧约·圣经》前5卷。——中译注

私通一样美妙，所以他也应该在其教义中像强调禁欲主义那样强调禁食猪肉。

基督教对一切私通行为都予以谴责是件新鲜事。像早期文明的大多数法典一样，《旧约》禁止私通。不过，这是指和已婚妇女之间的私通。这一点，凡是仔细看过《旧约》的人都很清楚。例如，当亚伯拉罕[①]和萨拉[②]到埃及去时，他对国王说，萨拉是他的妹妹。国王信以为真，便把萨拉带入后宫。后来秘密泄露，原来萨拉是亚伯拉罕之妻，国王大吃一惊，发觉自己无心犯了罪。于是，他责备亚伯拉罕不告诉他真相。这就是古代社会的常规。有婚外性行为的女人被看成坏人，但男子只要不是和别人的妻子发生性行为便不受谴责。和别人的妻子性交则是犯了侵犯财产罪。基督教认为一切婚外性行为都是不道德的，这种见解源于基督教认为一切性行为甚至婚内性行为都是令人遗憾的观点，这一点可以从圣・保罗的上述引文中看出。心智健全的人们只能把这种与生物学现实相悖的观点看作病态的心理失常。这种观点在基督教中根深蒂固，使得基督教在其整个历史中成了一种产生精神错乱与不健康的人生观的力量。

早期的教会强调和夸张了圣・保罗的观点，独身被奉

---

①亚伯拉罕：《圣经》中希伯来族的始祖。——中译注

②萨拉：《圣经》中亚伯拉罕的妻子。——中译注

为神圣,男人们退缩到了荒漠,在充满着美好的性幻想的同时去与魔鬼撒旦一决雌雄。

教会还攻击沐浴习惯,认为凡使身体更能吸引人的东西都易引起罪恶。肮脏受到赞美,神圣的气氛越来越浓烈。圣·保罗说:“身体的纯洁与衣着意味着灵魂的不洁。”①虱子被称为“上帝的珍珠”,遍体虱子是一个圣人必不可少的标志。

> 隐士圣·亚伯拉罕皈依之后活了50年。从皈依之日起他就坚决拒绝洗脸和洗脚。据说,他俊美非凡。他的传记作家颇为奇怪地说“他的脸上反射着他灵魂的纯洁”。圣·阿蒙从来不裸体。一个叫西尔维亚的著名圣女,虽然年已六十,而且由于习惯而身体多病,却坚持宗教原理,除了洗手指外坚决不洗身体的任何部位。圣·尤弗罗西亚参加一个从来不洗脚、拥有130名修女的修女会,这些修女一听人说洗澡就浑身发抖。有个隐士因为在沙漠看见一个长年裸露、浑身脏污、白发随风飘舞的裸体人从面前跑过,便认为幻觉中有魔鬼在嘲笑他。埃及曾经有个叫圣·玛丽的美女因洗

①哈夫洛克·埃利斯:《性心理研究》,第4卷,第31页。

> 澡一直赎了47年的罪。僧侣们因偶尔想要体面一点便被视为堕落而大受指责。大修道院院长亚历山大不无悲伤地回顾过去时说道:"我们的祖先从来不洗脸,但我们却常常在光天化日之下洗澡。"这话和沙漠里的一座修道院有关。由于饮水缺乏,修士们大受其苦。但是,由于狄奥多西院长的祈告,出现了一条淙淙的溪流。事过不久,在清清溪水的引诱下,有些修士背离了古老的苦行生活,说服院长利用溪水修了浴池。浴池一完工,修士们尽情沐浴了一次。不过仅仅一次而已,因为溪水马上停止了流淌。修士们祈告、痛苦、斋戒,然而统统无济于事。整整一年过去了,修道院终于毁了浴池——这个使上帝不悦的东西。于是,溪水又欢流如初了。①

显而易见,什么地方盛行这种性观点,什么地方的性关系就会变得残酷无情,那种状况有如在禁酒令下饮酒。爱的艺术被遗忘,婚姻也变得残忍。

---

①W. E. H. 莱基(1838~1903):爱尔兰历史家和评论家,《欧洲道德史》,第2卷,第117~118页。

禁欲者拼命把贞操重要的信念铭刻在人们心灵的努力，被他们在婚姻问题上的有害影响严重抵消了。从早期基督教教会领袖浩如烟海的著作中，虽然已经剔出了两三篇有关婚姻习俗的精彩描述，但总的来看，仍然难以想象还会有比他们对婚姻更粗暴、更令人厌恶的认识了。大自然为弥补死亡造成的严重后果这一崇高目的而造就的性关系——林奈①证明这种关系已经扩展到了花卉世界——总被他们认为是亚当堕落的结果，而婚姻也总是被放在最低的层次上来考虑。这种性关系所引起的温柔的爱情，以及随之而产生的神圣而美好的家庭性质，却几乎完全被他们忽视。禁欲者的目的是吸引人们过纯洁的生活，其必然结果就是把婚姻当成一种低级的事。为了人种的繁衍，使人免于更大的罪恶，婚姻被他们认为是必要的，因而也是正当的事，但它仍然是使那些想成为真正的、能够飞升的圣人堕落的原因。“用纯洁之斧砍倒婚姻之树”是圣·杰罗姆有力的语言，是圣徒的目的；要是他赞同颂扬婚姻的话，也只是因为婚姻还能造就处女。即使结合已经形成，但禁欲

①林奈(1707~1778)：瑞典植物学家。——中译注

狂热仍然保留着它的锋芒。我们已经看见它是如何刺痛了家庭生活中的其他关系，它把10倍的苦痛注入了这种在所有关系中最为神圣的关系。无论何时，只要丈夫或妻子产生了任何宗教狂热，其第一影响就是不可能产生美满的婚姻。宗教狂热更严重的配偶马上就想过孤独的禁欲主义生活。或者要是还没有表面化的分居，至少也是一种不自然的分居生活。这种思想在人类祖先的劝导著作和圣人传说中占有多么重大的地位，任何了解这方面文献的人都是熟悉的。对此，我们仅举少数例子——圣·尼勒斯有了两个孩子之后对禁欲主义走火入魔，他妻子经他多次痛哭请求之后，终于同意和他分居。圣·阿蒙在新婚之夜就以对结婚的喋喋不休的抱怨来迎接新娘，结果他们同意马上分居。圣·梅拉莉娅煞费苦心，在丈夫同意之前就拼命说服丈夫让她离他而去。圣·亚伯拉罕也是在新婚之夜就逃离了妻子。根据后来的传说，圣·亚历克西斯也如法炮制。但许多年后当他从耶路撒冷回到父亲家时，妻子对自己被抛弃还在悲痛不已。他请求慈悲，得到了住宿权，但在父亲家里受到鄙视，也没被认出来，一直默默无闻地直到去世。①

---

①W. E. H. 莱基：《欧洲道德史》，第2卷，第339~341页。

但是,天主教并不一直像圣·保罗和底贝德[1]的隐士们那么不合生物学规律。人们认为,圣·保罗只是多少把婚姻当作性的合法发泄。从他的话中,人们不会认为他对节制生育有任何异议,相反,人们可能会认为,他把怀孕和生育期的节欲看成危险之事。教会却持不同观点。正统的基督教义认为婚姻的目的有两个:一是圣·保罗所说的,一是为了生儿育女。其结果是使婚姻道德比圣·保罗所提出的婚姻道德更为困难。不仅只有婚内性交才合法,而且就连夫妻之间不以怀孕为目的的性交也成了罪过。事实上,根据天主教的看法,只有养育合法后代的愿望才是性交的正当目的。无论这样的性行为可能伴随什么样的残酷性,但这一目的总是使性交成为正当行为。只要丈夫想要生孩子,那无论妻子是否厌恶性交,是否可能死于另一次妊娠,无论所生孩子是否可能有病,精神是否正常,也无论是否有足够的钱防止最痛苦的情况,所有这一切都不能阻止丈夫行使其作为丈夫的权力。

在这个问题上,天主教学说有着双重根据:一方面是我们已在圣·保罗学说中见到的禁欲主义;另一方面是尽可能多地为世界生产人是件好事的观点,因为每个人都能得到拯救。由于某种我不了解的原因,他们完全忽略了人也

---

①底贝德为埃及底比斯古城的城区。——中译注

同样可能被罚入地狱的事实，然而这样似乎却是关系紧密的问题。例如，天主教利用其政治势力制止新教徒实行节制生育，然而他们又肯定认为，那些由于他们的政治行动而出生的绝大部分新教徒的孩子来世都将承受永久的折磨。这就使他们的行动显得有点不太仁慈，但毫无疑问，这些谜是世俗的人们所无法理解的。

天主教认为孩子是婚姻的目的之一，这种观点非常片面。它提出不生孩子的性交就是罪恶的论断，结果把它自己搞得精疲力竭，但它从来没有达到因为妇女不育就允许婚姻解体的地步。无论丈夫多么渴望孩子，但如果碰巧妻子不育，他就无法在基督教道德中找到解救方法了。事实上，婚姻的实际目的——生育，只起了非常次要的作用；而其主要目的——如圣·保罗所说，仍然是防止罪恶。私通仍然是中心问题，而从本质上说，婚姻仍然被看作不甚令人遗憾的代替方法。

天主教企图以婚姻是圣礼的教义掩盖这种浅薄的婚姻观。这一教义的实际功效在于婚姻不可解除的推论。无论夫妻双方可能出现什么问题，无论其中一方是否成了精神病人，患上了梅毒，或者是不可救药的酒鬼，或者公然与别的夫妻同居，双方的关系仍然是神圣的。虽然在某种情况下能获准保留夫妻关系，但不同寝共食，也绝不可能获得重婚的权利。当然，这在很多情况下引起了大量悲剧。不过，既然这种悲剧是上帝的意志,我们就必须忍受。

除了这一极端严酷的理论外,天主教对它认为是罪恶的东西还一直有某种程度的容忍。教会承认不能指望一般人都能实践其戒律,只要私通者认错悔罪,就可以对他们予以赦免。这一实际的赦免是增加教士权力的一种方法,因为只有他们才有权赦免私通罪。要是不予赦免的话,这一罪恶就将永远受到惩罚。

从理论上看,新教的观点有所不同,并不那么严厉。但实际上,某些方面却更甚于此。马丁·路德[①]对"结婚总比让欲火毁掉好"这句话印象极深,而且他也与一位修女相恋过。他说,尽管发过独身誓言,但他和修女有权结婚。确实,人总可以说结婚是种责任。不然的话,假如情欲积聚了力量,他就可能犯下滔天大罪。新教还相应地抛弃了对禁欲主义的赞美,而这正是天主教的特点。在激进的时候,新教还抛弃了婚姻是圣礼的教义,在一定情况下还容忍离婚。但是,新教对私通却比天主教反应强烈,因而道德谴责更为严厉。天主教料到人们会有某些罪过,并采取了一些相应的办法;但新教却与此相反,它抛弃了天主教忏悔和赦免的做法,使犯罪者处于比在天主教中绝望得多的境地。在现代美国,人们就可以看见这种态度的两个方面。美国的离

①马丁·路德(1483~1546):德国神学家,宗教改革领袖。——中译注

婚轻而易举,但对私通的谴责却远比大多数天主教国家严厉多了。

显然,我们应该尽可能不带基督教教育灌输的偏见,重新检查整个基督教,包括天主教和新教两个教派的道德体系。对基督教观点的反复强调与说教,使大多数人(特别是在儿童时代)产生了一个坚定的信念,以致控制了人的无意识。我们中那些认为自己对正教的态度已非常解放的人,其实仍然无意识地受到了其教义的束缚。我们应该十分坦率地问自己:是什么东西使得教会对一切私通大加指责?我们是否认为这种谴责有充分的理由?如果认为没有理由的话,那么除了教会提出的那些理由之外是否有别的理由使我们得出同一结论?早期基督教的态度认为,性行为有些本质上不道德的东西,尽管是在完成了一定的预备条件之后进行的,然而性行为是可以原谅的。这种态度本身就完全是迷信。产生这种态度的原因大概是前一章谈到的人容易引起反性态度,即是说,首先灌输这种观点的人曾经一定是身体有病或精神不健全,要不就是身心都不健全。一种见解被广泛接受的事实,并不能证明这一见解不是完全荒唐的。确实,考虑到大多数人的糊涂,一种广为流传的信念很可能是愚蠢的,而不是明智的。皮卢岛民相信,要赢得永久的幸福就必须在鼻子上穿孔,①但欧洲人却认为,要达

①威斯特马克:《人类婚姻史》,第170页。

到这一目的最好是在大声诵读某几个字时用水把头弄湿就行了。皮卢岛民的信条是迷信,而欧洲人的信条则是我们神圣宗教的一个真理。

杰里米·边沁①曾制定过一张行为动机表,表上有平行的3栏,人类的每一个欲望都按照人们赞扬、责备或既不赞扬也不责备的方式写在这3栏里。我们发现,一栏是“暴饮暴食”,相对的另一栏就是“喜欢社交会餐的乐趣”。在第一栏里找到列有“热心公益的精神”几个有鼓舞力的颂扬字,在相对的第二栏里又找到了“怨恨”两个字。我特别向任何想搞清道德问题的人推荐边沁这种方法,当自已习惯了几乎每个贬义词都有一个褒义的同义词这个事实后,应养成使用不褒不贬的中性词的习惯。“私通”与“通奸”这两个强烈表达道德堕落的词使用得太久,已难以使人清楚地了解其意义。然而,想败坏我们道德的色情作家却使用了其他的词,诸如“风流韵事”“未受冷酷的法律羁绊的爱情”。这两个术语都是用来引起偏见的。如果我们想不偏不倚地思考问题的话,必定会避开这两个术语。然而,不幸的是,这样做不可避免地会把文体给毁了,因为赞美与责备的词都色彩绚烂,趣味盎然。读者因骂人的话或颂扬的

①杰里米·边沁(1748~1832):英国伦理学家、法学家及哲学家。——中译注

话而被牵着鼻子走,作者不费吹灰之力就把读者引往了他所希望的任何方向。然而,我们却希望求助于乏味的中性表达法,诸如“婚外性关系”什么的。也许这个说法太过于严厉,但我们对待的毕竟是与人类的强烈感情有关的问题,要是把感情从我们的作品中消除得太彻底,可能就无法表达主题了。根据上面已谈到的,所有关于性的问题都有两极,这主要取决于我们是从参与者的角度还是从妒忌的旁观者的角度来看问题,仿佛我们自己所干的是“风流韵事”,别人干的则是“通奸”。因此我们必须记住具有感情色彩的术语,有时也可以使用,然而必须谨慎小心使用。我们主要应该满足于中性的、科学的和准确的用语。

基督教道德观由于强调性道德,不可避免地会大为贬低妇女的地位。因为道德家是男人,女人就似乎成了妖妇;要是女人成了道德家的话,那么淫棍这个角色就得由男人来充任了。既然女人是妖妇,就得减少她诱惑男人的机会。于是,高雅的女性便受到越来越多的限制,而那些被认为有罪的、并不高雅的女性便受到最为无礼的对待。只是到了很现代的时期,妇女才重新获得了她们在罗马帝国时就已享有的自由。如我们所知,家长制对奴役妇女起了很大的作用,但是在基督教兴起之前,这一制度基本上还未形成。君士坦丁之后,妇女的自由在保护妇女不犯罪的借口之下又被限制。只是到了现代,随着罪恶概念的退化,妇女才又获得了自由。

基督教早期作家的著作中充满了对女性的恶意谩骂。

> 女人被说成是地狱之门,是人类一切祸害之源。女人一想到自己是女人就应感到可耻,因为女人给世界带来灾祸,她应该在不断的惩罚中生活。她应该为自己的衣着而羞耻,因为衣着是女人堕落的纪念物。她尤其应该为自己的美貌而羞耻,因为美貌是魔鬼最有力的工具。虽然似乎只有一个奇特的例外,但身体美确实是教会谴责的永恒主题。这个例外是:中世纪时,人们发现主教们的墓碑上总是刻着他们俊美的仪容。6 世纪时,有个省议会甚至禁止妇女用裸手接受圣餐,因为她们不道德。妇女根本上的从属地位一直流传下来了。①

出于同样的原因,针对妇女还修改了财产法和继承法,只是因为法国革命的自由思想家的斗争,女儿们的继承权才得以恢复。

---

①W. E. H. 莱基:《欧洲道德史》,第 2 卷,第 357~358 页。

## 第六章

# 罗曼蒂克的爱情

随着基督教与野蛮人的胜利，有好几个世纪，男人和女人的关系降到了古代闻所未闻的残忍状态。古代固然邪恶，但是还谈不上残忍。中世纪时，宗教与野蛮行为联合起来，合力贬黜生活中性的方面。婚姻中，妻子毫无权力；婚姻之外，因为一切都是罪恶，也就没有对野蛮男性自然的残暴行为的抑制。中世纪的不道德行为臭名昭著，主教公开与亲生女儿奸宿，大主教把宠信的男人提拔到附近教区当主教。① 教士们的独身信念在增强，但实际又不能与戒律同步前进。教皇格雷戈里竭力让牧师们放弃妾妇，然而直至阿培拉德②时代他还认为自己能够与赫洛伊斯结婚，虽然这是一桩耻辱事。只是到了13世纪末期，教会才严厉地

①参看利(Lea)所作的《中世纪的宗教裁判史》，第1卷，第9页、14页。

②阿培拉德(1079~1142)：法国神学家、哲学家，他与赫洛伊斯的恋爱为历史有名的罗曼史。——中译注

强化了教士的独身生活。当然,教士们继续与女人们保持着非法关系,尽管他们自己也认为这不道德、不纯洁,无法美化这些关系,无法给这些关系以尊严。教会鉴于自己在性问题上的禁欲观点,也根本不能美化爱情观念。美化爱情必然就成了凡夫俗子的事了。

> 教士们一旦打破誓言,开始过上他们所认为的习惯性罪恶的生活,很快就会堕落到远远不如凡夫同俗子的地步,这一点并不令人惊奇。请看下面这些自由堕落的例子:教皇约翰二十三世①因乱伦和通奸等许多罪行而受谴责;坎特伯雷当选的修道院长圣·奥古斯丁1171年被发现——经调查,其仅在一个村庄就有17个非法孩子;1130年发现西班牙的一名修道院长圣·佩拉约占有不下70名妾妇;1274年,比利时列日的主教亨利三世因有65名非法孩子而被免职。对这些孤立的例子我们可以不必过分看重,但是,议会和教会作家协同记述的一系列远比一般的纳妾要大得多的罪恶,却是无法否认的证据。人们发觉,当牧师们实际上有了妻子的时候,关于这些关系并

①1410~1415,教皇,或确切地说,是敌对教皇。

> 不合法的认识对他们的节操是个特别要命的问题。于是,重婚和见异思迁的现象在他们之中便特别常见了。中世纪的作家对修道院像妓院的描写比比皆是,说女修道院里戮婴屡见不鲜,教士的乱伦盛行不衰。因而屡屡有最为严厉的法令颁布,不允许牧师们与母亲或姊妹们在一起居住。曾经是基督教一大礼仪的反常恋情,本来已几乎从世界上根除,现又一再听说在修道院里流连缠绵了。到宗教改革前夕,人们对使用因淫乱目的而忏悔的忏悔词已经怨声日高。①

整个中世纪时代,教会的古希腊、罗马传统与贵族的日耳曼传统之间,始终存在着最奇特的分野。他们各自都对文明的发展做出了贡献,然而,贡献又截然不同。教会的贡献在于学术、哲学、教会法及基督教统一性的思想,这些全是古老的地中海传统因袭相传的结果。后者的贡献在于习惯法、世俗的政权形式、骑士制度、诗歌和恋爱故事。使我们特别感兴趣的贡献是罗曼蒂克的爱情。

要说在中世纪以前人们尚不知道罗曼蒂克的爱情,这是不正确的。但是,罗曼蒂克却只是在中世纪时代才成了

---

①W. E. H. 莱基:《欧洲道德史》,第 2 卷,第 350~351 页。

人们普遍承认的一种感情形式,这倒是事实。罗曼蒂克爱情的精髓在于:它认为被爱的对象十分难以占有,十分宝贵,因而便做出各式各样的重大努力去赢得爱恋对象的爱情,如采用诗赋、歌曲、武功,或者任何想得出来的最能取悦情人的其他方法。人们相信情人有巨大价值,是因为受到难以得到她的心理作用的影响。我认为,这种信念甚至在男人能够毫不费力地得到女性,并因而对她的感情还没有形成罗曼蒂克的恋爱形式时,可能就已经存在了。像中世纪的情况一样,最初罗曼蒂克爱情并不是针对那些恋人能够与之发生合法或非法性关系的女性,而是针对那些由于无法逾越的道德和传统习俗障碍而与其分离的高贵的女性。教会干得最为彻底,它使男人们感到性本来就是下流肮脏的事,以至造成只有在无法得到那个女人的时候,对这个女人的感情才可能会有点诗情画意。因而,如果爱情还要有点美感的话,那就得是柏拉图式的才行。现代人很难想象中世纪诗人情人的心理。他们表示热烈的爱,但又毫无任何亲昵的欲望。这一点对现代人来说似乎很难理解。所以,很容易认为,他们的爱不过是一种文学上的老生常谈而已。有时候,情况无疑就是这么回事,其文学表达显然受到了传统习俗的制约。然而,但丁在《新生》①中所表达的对贝雅特里齐的爱情却肯定并非仅仅是传统习俗而已。相

①但丁(1265~1321):意大利文艺复兴的伟大先驱、诗人,《新生》是他的第一部文学作品,他的不朽名著是《神曲》。——中译注

反,我要说,那是一种比任何现代人所知的感情还要热烈的感情。中世纪较为高尚的人物都鄙视这种世俗的生活,他们认为,人的本能是堕落与原罪的结果,他们憎恨肉体及肉体的欲望。对他们来说,纯洁高尚的欢乐只可能存在于他们所认为的那种没有掺杂任何性因素的、专心致志的默祷之中。在爱情方面,这种观点只会产生我们看到的但丁所持的那种态度。一个男人如果深深爱恋和尊敬某个女性,他将会感到无法将性交的想法与她联系起来,因为他觉得一切性交多多少少总是不道德的事。因此,他的爱情将会采取富有诗意和富有想象的形式,自然也就会充满象征主义。这一切便对文学产生了重大的影响。这种影响在爱情诗的整个逐渐发展的过程中,从腓特烈二世宫廷的萌芽阶段到文艺复兴的繁荣阶段,都可以看到。

我所知道的中世纪末期对爱情最好的描述是胡伊青加①《中世纪的没落》一书中如下这么一段:

> "在12世纪中,"他说,"当未得到满足的欲望被普洛旺斯②抒情诗人以爱情的诗情画意为中

①胡伊青加(1872~1945):荷兰历史学家,以研究中世纪晚期、文艺复兴和宗教改革文化史而著名。——中译注

②普洛旺斯:法国东南部地区,中世纪时以诗歌及行侠仗义著称。——中译注

心的观念取代时,文明史中的重要转折便实现了。古人也曾歌颂爱情的痛苦,但是,除了把爱情的痛苦作为对幸福的期望或者令人同情的失败外,却从来没有想象过这种痛苦。比拉默斯与西斯比①以及塞法勒斯与普罗克利斯②的感伤之处在于他们的悲剧性结局,在于对丧失了的过往幸福的痛心疾首。相反,优雅的诗歌却以欲望本身作为基本的主题,因此,创造了一种具有否定基调的爱情观。新的诗歌观念没有放弃与性爱的全部联系,能够包容各种道德愿望。这时,爱情就成了一切完美的道德、完美的文化发展成熟的领域。优雅的情人因为有了爱,他便纯洁无瑕,道德高尚,精

①比拉默斯与西斯比:神话传说中巴比伦的一对青年,他们的婚姻遭到父母反对。后来他们秘密幽会,西斯比到幽会处时见到一只撕食猎物的狮子,她急忙逃跑,慌忙中将披风失落在地。比拉默斯到时只看见血迹斑斑的破披风,以为西斯比遇难,便自杀身死。西斯比回到幽会地点,见状也用比拉默斯的剑自杀而亡。旁边的白色桑椹溅上她的鲜血后也变成了深红色。——中译注

②塞法勒斯与普罗克利斯:希腊神话中的夫妻,他们发誓永远忠诚于对方。但是,塞法勒斯受人挑拨后决定去考验妻子的忠诚。于是,塞法勒斯乔装前往引诱普罗克利斯。当普罗克利斯服从他时,他含恨而去。后来,他们和好了,但普罗克利斯又对丈夫产生了怀疑。一天晚上,她趁丈夫打猎时暗暗跟踪,被塞法勒斯误作野兽杀死。许多年后,塞法勒斯仍无法摆脱悲伤,终于跳崖而死。——中译注

> 神因素越来越占支配地位。到了13世纪末期，但丁及其朋友们优美清新的文笔终于因认为爱情具有造成虔诚状态和神圣感的天赋而完成了优雅诗歌的发展。这时，意大利诗歌便走向了极端状态，逐步回复到了不那么热烈表达性爱感情的道路。精神恋爱观念与古代更为自然的魅力使得彼特拉克①踌躇徘徊。不久，当已经潜伏于优雅观念中的文艺复兴时期的柏拉图主义产生了具有精神倾向的新型爱情诗时，优雅爱情的人为体系便被抛弃，其微妙的差别也就不会再恢复过来了。”

但是，法国和勃艮第②的发展却与意大利不完全一样，因为法国对爱情的贵族观点受着“玫瑰花韵文传奇小说”的左右。这种小说描写骑士般的爱情，但并不坚持这种爱不能得到满足。事实上，对基督教义来说，这是一种剧变，实质上这是对爱情在生活中的合法地位的异教主张。

> 历史上，存在这样一个将其理智与道德观念珍藏在爱的艺术中的上流社会，确实是个相当例

①彼特拉克(1304~1374)：意大利文艺复兴时代诗人，以写十四行诗著名。——中译注

②勃艮第为法国东部一地名。——中译注

> 外的事实。没有哪个时代,这种文明理想与爱情理想有过如此程度的融合。正如经院哲学代表了极力将所有哲学思想集中于一个中心的中世纪精神一样,优雅的爱情论在不那么崇高的范围内力图囊括属于贵族生活的一切爱情。**玫瑰花韵文传奇小说**没有摧毁这个制度,而只是修改了其倾向,丰富了其内容而已。①

这是粗鲁异常的时代。然而,"玫瑰花韵文传奇小说"所鼓吹的这种爱情却不失优雅、豪放与温柔——虽然在教士眼中并不道德。当然,只是这些贵族的思想,他们事先不仅想到了悠闲,而且还想到了从教士的专横中争取一定的解放。教会憎恶那些显然是以求爱为动机的比武大会,然而却无力加以压制。同样,他们也无法压抑骑士式的恋爱制度。在今天这个民主的时代,我们总是容易忘怀,这个世界的不同时代的出现都应归功于贵族。可以肯定地说,要是没有骑士爱情故事的铺张,像文艺复兴时期的爱情复活是不可能如此成功的。

文艺复兴时期,由于对新教的反感,爱情虽然仍充满诗情画意,但通常已不再是柏拉图式的了。从唐·吉诃德和

①胡伊青加:《中世纪的没落》,第95~96页。

杜尔西内娅[①]的故事中，我们可以看到文艺复兴时期对中世纪习俗的看法。但是，中世纪传统的影响犹存。西德尼的《阿斯特罗菲尔与斯特拉》就充满了这种传统，莎士比亚致 W. H. 先生的十四行诗也受到很大影响。不过，总的来说，文艺复兴时期特有的爱情诗格调欢快而直率。

漫漫寒夜已把我冻僵，
请别笑我上了你的床。

一位伊丽莎白时代的诗人就曾这么写道。必须承认这种感情的直截了当和无拘无束，绝无半点柏拉图式的色彩。然而，文艺复兴也学习了中世纪柏拉图式的爱情，以诗歌作为求爱手段。《赛比林》中的克洛坦被人嘲笑，就是因为他无法写出自己的爱情诗而不得不以 1 便士一行诗雇人代劳，结果写出"听哪，听哪，云雀叫啦"这样的诗——可喜可贺，恐怕人们只能这么恭维了。奇怪的是，中世纪之前虽然已经有了大量关于爱情的诗歌，然而直接写求爱的却十分鲜见。有公子远行，怨女伤情的中国诗；有神秘莫测的印度诗，这些印度诗中，灵魂被当作渴望新郎来临的新娘，新郎

---

①唐·吉诃德：西班牙文学家塞万提斯同名小说主角。杜尔西内娅，是唐·吉诃德称呼他所爱的农妇的名字。——中译注

就是上帝。不过我们可以猜测,在当时,男人在追求自己想要的女人时,似乎并没有困难到需要用音乐与诗歌来讨好她们的地步。从艺术的观点看,如果女人太容易接近的话,肯定令人遗憾,最好应该是难以接近然而又并非不可能接近。文艺复兴以来,这种状况就或多或少地存在了。这种困难部分是由于外部原因,部分是由于内部原因,而内部原因是由于对传统道德学说的顾忌而产生的。

罗曼蒂克爱情在浪漫主义运动中达到了顶峰,也许可以认为雪莱①是这场运动的主要倡导者。坠入情网的雪莱感情热烈细腻,想象丰富活跃。优美的诗便把这种感情和这种想象表达无遗。自然,他认为这样产生的感情十全十美,要限制这样的感情毫无道理。然而,他这种论点的心理基础却很差,正是这种欲望的障碍使他提笔写诗。要是高尚而不幸的埃米莉亚维亚尼小姐没有被女修道院夺走,他就不会认为有写《伊皮赛奇德戴恩》的必要了;要是简·威廉斯不是一个修美贤淑的妻子,他就绝不会写《回忆》。他猛烈抨击的社会障碍正是推动他进行崇高活动的一种根本刺激力。雪莱诗章中的罗曼蒂克爱情依赖的是一种不稳定的平衡。这时,传统的障碍依然存在,然而并非不可逾越。要是障碍十分坚固,或者根本没有障碍的话,罗曼蒂克的爱

①雪莱(1792~1822):英国著名的浪漫主义诗人。——中译注

情也不大可能那么炽烈旺盛。我们以中国的制度作为一个极端的例子。在这种制度下,男子除了自己的妻子外,绝不能同任何高雅的女人幽会。要是他觉得妻子不能令自己满足的话,就到妓院去。在举行婚礼之前,妻子就已经被选定了,而且很可能是互不相识的人。因而从罗曼蒂克的意义来说,他的全部性关系完全与爱情不相干,根本没有产生爱情诗章的那种求爱机会。相反,在完全自由的状态下,有能力写出伟大爱情诗篇的男人仅靠自己的魅力就可以取得成功,因此也没有必要使用丰富的想象力去俘获爱情。因此,爱情诗在一定程度上要靠传统与自由之间微妙的平衡,这种平衡无论向哪一方倾斜都不大可能有最优美的诗意。

但是,爱情诗又不是爱情的唯一目的。即使不会产生美妙的表达方式,罗曼蒂克的爱情之树还是可能枝繁叶茂。我本人就相信,罗曼蒂克爱情是生活必须奉献的最为热烈的欢乐之源。彼此倾心相爱、充满想象而又柔情似水的一对男女之间的关系,有着某种不可估量的价值。对这种价值漠然视之,于任何人都是一大不幸。我认为,一种社会制度应该允许这种欢乐,这才是重要的事——尽管这种欢乐只能是生活的要素之一而并非生活的主要目的。

到了近代,大约自法国革命以来,认为婚姻应该是罗曼蒂克爱情的结果这一思想发展起来了。大多数现代人,至少在讲英语的国家里,都认为这种思想理所当然。他们根本就没有想到,不久之前这种思想还是革命的新思想。100年前的小说和戏剧,还大量描写年轻一代如何为建立这种婚姻基础而进行反对传统和反对父母包办婚姻的斗争,尽管这种努力的结果是否如革新者所希望的那么美好可能值得怀疑。马拉普罗普夫人的原则值得一提,婚姻生活中,爱情与反感两者都在逐渐减弱,所以开始时最好少一些反感。如果人们结婚时彼此不知道对方的性状况,在罗曼蒂克爱情的影响下,相互肯定会将对方想象得更完美得多,并会认为婚姻将是一场悠久的甜梦。如果女方是在天真纯洁的环境中成长起来的话,情况更是如此——因为她还分辨不出性饥饿与情投意合。美国人比别的人都更为看重婚姻的罗曼蒂克观点,他们的法律和习俗都建筑在处女的梦想之上。结果是离婚极为普遍,幸福的婚姻极为鲜见。婚姻是比彼此相伴的两个人的欢愉更为严肃的事,是通过生儿育女构成更亲密的社会组织的一种制度,具有远远超过丈夫与妻子个人感情的重要意义。罗曼蒂克的爱情应该成为婚姻的动力——这可能是好事——我个人认为这就是好事,但是应该明白,能使婚姻完美幸福并完成其社会目的的那种爱情,不是罗曼蒂克的爱情,而是更为亲密的、更为深情的、更为现实的爱情。在罗曼蒂克的爱情中,双方都不能恰如其分地看待自己所爱的人,而是透过了一层绚丽的薄雾。无疑,某种类型的女人如果有了某种类型的丈夫,她可能直到婚后都还会被裹在这层薄雾中。但是,只有在她避免了所有同丈夫的真正亲密,并像斯芬克斯之谜似地保留着内心深处的思想与感情,以及身体上一定程度的隐秘,这种情况才有可能。不过,这种行为却使婚姻无法达到最完美的境地,因为要达到这种境地,就需要完全不掺假象的情真意切的亲密关系。此外,认为罗曼蒂克的爱情是婚姻的根本的观点,过于无政府主义化。和圣·保罗的观点一样——虽然是从相反的意义来说——它忘记了使婚姻变得非同小可的子女。要是没有子女,任何与性有关的习俗都将没有存在的必要。然而,一旦孩子降生于家庭,夫妻双方要是对孩子还有任何责任感或者感情的话,都不得不认识到他们彼此之间的感情已经不再是至关重要的大事了。

第 七 章

# 妇女的解放

当前性道德的转变状况主要是由于两种原因引起的，首先是避孕药的发明，其次是妇女的解放。第一个原因我将在更大的范围来考虑。本章要探讨的是妇女解放问题。

妇女的解放是民主运动的一部分，起源于法国革命。我们已经知道，这场革命修改了继承法，使之对女儿有利了，玛丽·沃斯通克拉夫特的《维护女权》(1792)一书就是法国革命带来的思想产物。从那时开始直到眼下为止，要求妇女与男子平等的呼声不断受到重视，不断取得成功。约翰·斯图亚特·米尔的《妇女的屈从地位》是一部说服力很强、推理严密的书。这本书从他那一代开始就对富有思想的人产生了巨大的影响。我的父母都是他的追随者。19 世纪 60 年代我母亲就常常发表支持妇女选举的演说，她的女权主义思想十分强烈，使我也因此成了由第一个女医生加勒特·安德森接到世界上来的人。那时，安德森还只是个获得证书的助产士，要当有资格的开业医生是不被允许的。那时，初期的女权运动仅限于中上阶层，因而没有多大的政治力量。每年都有要求给妇女选举权的提案提交议会。然而，尽管提案由费思富尔·贝格先生提交，并得到了斯特兰韦斯·皮格先生赞成，但那时却从来没有任何机会得到通过而成为法律。尽管如此，中产阶级的女权主义者却在自己的领域里取得了一次伟大的成功，即《已婚妇女财产法案》得到了通过（1882）。直到那个法案通过以前，已婚妇女可能拥有的任何财产都要受丈夫的控制，尽管当时已有的信托方式可以使得丈夫无法动用她的资产。妇女运动其后在政治方面的发展还历历在目、众所周知，因此也就用不着再加赘述了。然而，值得注意的是，考虑到有关观念的重大变化，在大多数文明国家中，妇女获得政治权利的进展速度是过去的时代所不能比拟的。奴隶制的取消多多少少有点与此相类似，但现代的欧洲国家毕竟并不存在奴隶制，也没有任何东西有男女之间的关系那么亲密。

我认为，这一突变有双重原因：一方面是由于民主理论的直接影响，这种理论使得人们无法找到任何合乎逻辑的理由来拒绝妇女的要求；另一方面是由于越来越多的妇女走出家庭在外谋生，不再依赖父亲或丈夫的恩赐来求得日常生活的舒适。当然，这种局面在战争期间达到了顶峰。这时，平常由男人承担的大部分工作都不得不由妇女来干。

战前,反对给妇女选举权的普遍理由之一就是她们容易成为和平主义者。战争期间,妇女对这种责难进行了大规模的驳斥,由于她们分担了严酷的工作,因而获得了选举权。对于那些认为妇女会增加政治生活的道德色彩的理想主义先驱来说,这个问题可能令他们失望。但是,这似乎是理想主义者的命运,即他们为之奋斗的东西一经获得,就会在某种形式上打破他们的理想。当然,妇女的权利事实上并不在于妇女在道德上或其他任何方面优于男人的任何信念,而是完全在于她们作为人的权利本身,或者在于赞成民主的普遍理由。但是,正如被压迫阶级或被压迫民族要求权利时总会发生的情况一样,鼓吹者总是以妇女有特殊的贡献来加强其总论点,而这些贡献一般又被认为是属于道德范畴。

但是,妇女的政治解放并不直接涉及我们谈的问题,她们的社会解放才与婚姻和道德有重要的关系。西方在古代,而东方直到现在,妇女的贞操都是通过隔离来保证的,从来没有做过任何努力给予她们以内部的自制力,但在不让她们有任何犯罪机会这一点上却是竭尽了全力。不过,西方从来没有认真采取过这种方法。高贵的妇女从很小都受到教育,使她们对婚外性交有一种恐怖感。随着这种教育的方法越来越完备,外部障碍却越来越多地被消除掉。那些竭尽全力消除外部障碍的人相信仅仅依靠内部障碍就足够了。例如,人们认为,少女上社交场所不必要人陪伴,因为在教育良好的家庭成长起来的姑娘决不会屈从于青年男子的殷勤,无论她可能有什么样的屈从机会都不会这样做。我年轻的时候,高雅的妇女普遍认为,绝大多数妇女都厌恶性交。她们之所以愿意和丈夫性交,只是出于责任感的考虑。怀着这种观点,为了女儿,她们并非不情愿冒比更为现实的时代看来似乎是明智的更大自由的风险。也许这种结果与预料的有所不同,而这种不同对妻子和未婚女性都同样存在。维多利亚时代的妇女和今天的许多妇女都处于一种精神桎梏之中。因为这种桎梏是一种无意识的抑制,所以不能明显地意识到。当代青年中这种抑制力的衰退,导致了一直被埋藏在假道学大山下的本能欲望意识的复苏。这种复苏不仅对一个国家或一个阶级,而且对一切文明国家和文明阶级的性道德都具有革命性的意义。

男女平等的要求不仅从一开始就关系到政治问题,而且也关系到性道德问题。玛丽·沃斯通克拉夫特就是地地道道的现代观点的代表,但是后来的女权运动的先驱们在这个问题上并未效法她。相反,她们中大部分都是严厉的道德家,她们的希望是把迄今只束缚妇女的道德枷锁加在男人们身上。但从 1914 年以来,年轻女性们奉行了一条不同的路线,虽然她们没有多少理论。无疑,战争的激情是这一新发展的催化剂,但无论如何,这一发展很快也是会发生的。过去，妇女保持贞操是出于对地狱之火与怀孕的恐惧。对地狱之火的恐惧由于神学正统观念的退化已不复存在，对怀孕的恐惧也被避孕药冲得荡然无存。有一段时间，传统道德曾想通过习惯的力量和精神的惰性来进行抵抗，但是，战争的冲击终于使这些障碍土崩瓦解。现代女权主义者不再像30年前的女权主义者那么急于减少男人的“罪恶”，她们倒更希望干只允许男人们干的事。她们的先驱追求道德奴役的平等，而她们追求的却是道德自由的平等。

迄今为止，整个女权运动尚在早期阶段，它将如何发展尚无法预言。其拥护者与实践者大都年纪很轻。在举足轻重的人物中她们还太缺乏拥护者。无论什么时候，只要警察、法律、教会及其父母这些权力的拥有者知道了她们的主张，就会予以反对。但一般说来，年轻人还好心地不让他们知道自己的主张，以免引起他们的痛苦。像贾奇·林赛那样的作家就声称，老年人认为那些主张是对年轻人的诽谤，虽然年轻人并没有意识到自己受了诽谤。

当然，这种形势是很不稳定的。两件事情中，哪一件会先发生是个问题：或者老年人意识到了这些主张，于是着手剥夺年轻人新争取到的自由；或者年轻人成长起来，自己获得尊贵显赫的地位，使新道德有得到正式认可的可能。可以推测，在某些国家我们会发现这些问题中的一个问题，而在别的国家又会发现其中的另一个问题。例如在意大利，和其他一切事情一样,不道德是政府的特权。为加强美德,他们正在进行强大的努力。俄国的情况又完全相反,因为政府支持新道德。在德国的新教地区可望争得自由,但在天主教地区又备受怀疑。法国很少有可能摆脱由来已久的习俗——法国习俗对不道德行为有着一定的明确的容忍形式,但是在此之外就寸步难行了。英国和美国会发生什么情况,我还不敢斗胆预测。

我们还是用点时间来考虑一下妇女应该与男人平等这种要求的逻辑含义吧。自古以来,即便不是理论上,实际上男人也有权放纵于非法的性关系。结婚的时候,甚至婚后,人们都从不要求男人是童男。要是他们的不忠行为从来不为妻子和邻居所觉察的话,人们对不忠行为也并不十分看重。这种制度存在的可能性要依赖卖淫,但是现代人要保护这种习俗颇为困难。几乎不会有人提出妇女应该有与男人同样的权利,通过产生男妓阶级让那些希望能像丈夫一样没有贞操又要得到高尚名声的妇女满足。但是,可以肯定,在晚婚盛行的这些年月里,只有少数的男人在和本阶级的女人建立家庭之前会保持节欲。而且,要是未婚的男人不准备节欲,根据平等权利的理由,未婚女性将会认为她们也没有节欲的必要。对道德主义者来说,这无疑是令人遗憾的局面。每一个传统道德主义者只要稍微费心地想一下就会发现,他实际上遵循的是所谓双重标准,即女性的性道德比男子的更为重要。当然,他可能争辩说他的理论也同样要求男子节欲。对此,有明显的理由可以反驳,这一要求根本无法强加给男子,因为他们可以轻易地暗中违规。所以,传统的道德家不仅在男女之间不平等的问题上违背了自己的意愿,而且也违心地承认年轻男子与妓女性交比与本阶级的姑娘性交好,尽管事实上与本阶级姑娘性交不是交易关系,因而可能情深意切而且满心欢愉。当然,道德家们不会仔细考虑鼓吹一种他们明知无人服从的道德的结果。他们认为,只要他们不提倡卖淫,就不必对卖淫是他们说教的必然结果这一事实负责了。然而,这不过是众所周知的事实的又一个例证,即今天的职业道德家们的智商尚在普通人之下。

显然,从上述情况来看,只要许多男人由于经济原因不能早日结婚,而许多女人根本无法结婚的时候,男女之间的平等就需要在女性贞操的传统标准上有所松动。如果允许男人婚前性交的话(事实上已是如此),也必须允许女性有相同的权利。在所有女性过剩的国家中,由于数量上的必然性,有些必定无法结婚的女性将完全被排除在性实践之外,这显然是不公正的。无疑,妇女运动的先驱未能预见到这种结果。不过,他们的现代信徒们清楚地看到了,任何反对这一推论的人都必须承认他或她事实上并不赞成公正对待女性。

新道德与旧道德相比之下又提出了另一个十分鲜明的问题。要是人们不再要求姑娘的贞洁和妻子的忠诚,那么,或者需要有新的方法保护家庭,或者默许家庭解体。也许有人会提出,生儿育女只能限于婚内进行,一切婚外性交都应使用避孕手段达到不育。那样的话,丈夫们可能就要忍受做东方的阉人似的情人了。至今,这种方法的困难之处是要求我们似乎要超过理性地信赖避孕药品的效力和妻子的忠诚。不过,这种困难不久就可能消失。与新道德相适应的另一种选择是作为主要社会制度的父权的衰亡。父亲的职责被国家取代了。如果父亲乐于尽其职责而喜爱孩子的话,他当然可以自愿地承担目前父亲们正常承担的责任,在经济上供养母亲和孩子,然而他这么做将不再是受法律的约束了。的确,如果认为这是正常情况的话,除了国家对儿童的抚育比目前要更费力之外,所有的孩子都将处于不知父亲身份的非婚生子现在所处的地位。

另一方面,如果要重新恢复旧道德的话,某些问题至关重要。其中,有的问题已经解决。但经验表明,仅仅解决这些问题还不够。首先,对姑娘的教育就应该是愚昧教育,让她们迷信而无知。这种必要的教育在学校就已经完成,对此,教会有着某些控制力。其次,需要对所有关于性问题的书予以严格检查,这点在英国和美国也正在完成。因为书刊检查无需改变法律,只要提高警方的热情就可加强。这些条件已经存在，只是显然还不充分而已。唯一需要满足的条件，是剥夺年轻女性单独与男人相处的一切机会：必须禁止姑娘离家谋生，除非有母亲或姨母陪伴，否则绝不能允许她们远足。没有人陪伴去舞会的遗憾行为必须坚决制止。50 岁以下的妇女拥有汽车必属非法。也许，让未婚女性每月由警方医生进行一次体检，一旦发现不是处女便送教养所，这才是英明之举。当然，必须根除避孕药的使用。和未婚女性谈话，对该死的教条表示怀疑也必属非法。这些措施如果坚决执行 100 来年，也许对遏止不道德浪潮的兴起会有所作用。不过我认为，为了避免某些弊端，颇有必要把所有的警察和医务人员一并阉割了事。考虑到男性固有的堕落行为，把这项政策再推进一步，也不失英明。我还倾向于认为完全应该劝告道德家们大力鼓吹，除了牧师之外，把所有男人通通阉割了事。①

我们可以发现，无论采取哪种办法都会遇到困难，遭到反对。要是听任新道德自然发展，肯定会超过其已达到的程度，引起迄今我们还无法预料的困难。另一方面，要是我们试图在现代世界里强化早些时代才有可能实行的限制，就会导致我们去实行根本不可能实行的严厉规定。对此，

①读了《埃尔默·甘特里》之后，我不禁感到，甚至这种例外也许都不很明智。

人类本性很快就会产生反抗。无论危险也好,困难也好,我们肯定愿意让世界向前发展而不是向后倒退,这是明明白白的事情。为此,我们需要一种真正的新道德。我这样说的意思是,我们仍然必须承认责任与义务,只不过和以前承认的责任与义务可能截然不同而已。只要道德家们满足于鼓吹回到如渡渡鸟①那样僵死的制度中去,那么无论他们怎样使新的自由道德化,无论他们怎样指出那种制度所带来的新责任,都将无济于事。我完全不认为新制度与旧制度相比应该毫无限制地屈从于冲动,而是认为限制冲动与动机的理由必须与过去的理由不同罢了。事实上,性道德的全部问题都需要重新仔细考虑。下面谈的就是想对此做点贡献,无论这种贡献是多么的微薄。

---

①渡渡鸟:产于毛里求斯但现已绝种的巨鸟,不会飞。——中译注

第 八 章

# 性知识的禁忌

要想建立一种新的性道德,我们必须问自己的第一个问题并不是“两性关系应该如何调节”,而是“在与性问题有关的事实上,让男人、女人、儿童处于一种人为的无知状态是否是好事”。我提出这一问题的理由首先是,像我努力想在本章中让读者相信的一样,对这些问题的无知对于个人极为有害。因此,任何需要依靠这种无知才能永久存在的制度都不能令人称道。我要说,性道德必须是这样的东西:本身能使见多识广的人们对它有兴趣,而不是依赖无知求得其吸引力。这是一种更广泛的原理的一部分,虽然它从来没有得到政府与警察的认可,但从理性来看却是明确无误的。除了一些少有的例外,这一原理就是,任何正确的行为绝不可能靠维持无知或阻碍知识来得到促进。当然,如果 A 要 B 以某种有利于 A 而不利于 B 的方式行动,那么对于 A 来说,肯定最好是不让 B 了解那些会暴露 A 的真正利益之所在的事实。在证券交易所就可以充分了解这种情况,但是人们并不是普遍认为这种情况属于伦理学的高级范围。这也包括大量隐瞒事实的政府活动,例如每个政府都不想提及任何战争失败的事,因为战争失败的消息可能导致政府的垮台。虽然政府垮台通常都符合民族的利益,然而却肯定不符合政府的利益。对性现实保持缄默,虽然主要方面属于不同的范围,但至少可以说,其部分原因还是源于相同的动机。开始只是让妇女对性处于无知状态,认为这有利于男性统治,但是,妇女渐渐也默认了性无知对贞操至关重要的观点。而且,部分地由于她们的影响,人们开始认为,无论男女、儿童和青年,对于性问题都应该尽量无知才好。到这个阶段,其动机已不再是男性统治,而是已经到了非理性的性禁忌的程度,根本就不能检查对性的无知是否应该,甚至于举出例子表示这种无知有害无利也是非法的——像我就这个问题写的文章一样。我可以摘引1929年4月25日《曼彻斯特卫报》下面这段话:

> 美国自由主义者对法庭审判玛丽·韦尔·丹尼特夫人的结果感到震惊。昨天,布鲁克林联邦陪审团因她通过邮局寄送淫秽印刷品而裁决她有罪。丹尼特夫人是个受到高度赞扬的作者,她用严肃的语言为儿童写的初级性知识的小册子得到

广泛的使用。她面临或者是5年的监禁，或者罚款5000美元，或者既监禁又罚款的判决。

丹尼特夫人是个著名的社会工作者，她是两个成年儿子的母亲。最初是11年前为教育儿子写的那本小册子，在一家医院杂志上发表后，又应编辑的要求以小册子形式重印。这本小册子得到了几十名主要医生、牧师和社会学家的赞同，由基督教青年协会散发了好几千册。纽约时髦的郊区布朗克斯维尔的市立学校系统甚至也使用了这些小册子。

新英格兰的联邦法官W. B. 巴罗斯主持审判，他拒绝了前述的全部事实，并且拒绝让等候出庭作证的任何知名教育家和医生发言，不允许陪审团听取著名作家对丹尼特夫人著作的保证。实际上，审判就是向由上了年纪的布鲁克林和已婚的男人组成的陪审团朗读小册子。这些男人全是挑选出来的，因为他们从未看过H. L. 门肯①或者哈夫洛克·埃利斯②的著作，这是由检察官批准的一次测验。

①H. L. 门肯(1880~1956)：美国作家及评论家。——中译注

②哈夫洛克·埃利斯(1859~1939)：英国心理学家及作家。——中译注

> 纽约《世界报》说，要是不允许发行丹尼特夫人的著作，那就别希望清楚、诚实地向美国青年谈性问题。看来，这种说法是正确的。这桩案子将向上级法院上诉，人们将以极大的兴趣等待着上级法院的裁决。

碰巧，这是桩美国案子，但如果是英国案子可能也完全一样，因为英国的法律实际上和美国的一样。人们将会发现，法律不允许让那些向年轻人传送性知识的人提供专家的证据来证明性知识对年轻人来说是需要的。人们还会发现，这类起诉一经受理，起诉人就可以坚持陪审团完全要由那些从来没有看过有助于他们合理判案的任何东西的无知男人组成。法律粗暴地宣布，儿童和青年绝不能了解性事实。对他们来说，无论了解这些事实是好是坏均与问题毫不相干。现在，既然我们不在法庭上，既然这本书不是给儿童们写的，那我们就可以就这个问题进行争辩，即完全使儿童处于性无知状态的传统行为究竟是否值得称道。

对儿童来说，传统的方式是让其父母和老师使他们尽可能地无知。他们从来看不见父母赤身裸体，且从很小的年纪起（只要住房条件充分）就看不见赤身裸体的异性兄弟姊妹了。他们受到告诫，千万不能触摸性器官或提及性器官。对一切有关性的问题他们所得到的回答总是语调惊恐的“别说，别说”这几个字。人们对他们说，孩子是鹳鸟带来的，要不就是从醋栗树丛下挖出来的。但他们迟早会得知真相，通常是混乱不清地从别的孩子那儿偷偷听到的。由于父母的教育，他们认为这些都是“肮脏事”。由于父母如此千方百计地隐瞒，孩子们便以为父母彼此间的行为下流，他们自己也感到羞耻。他们还看到，原指望能指导他们的那些人通通把自己给骗了。这就不可避免地破坏了他们对父母、对婚姻和对异性的态度。只有很少受传统教养的男人或女人才学会正确地对待性与婚姻。他们接受的教育告诉他们，父母和老师认为这样的欺骗和谎言是美德。性关系，即使是婚内性关系多少都是令人作呕的；而在人类的繁衍中，男人屈从于动物本性，女人则甘愿承担痛苦的责任。这种态度使婚姻让男人和女人都不能满足，而本能满足的缺乏转变成了伪装成道德的残酷。

我想，对正统道德家①们关于性知识的观点完全可以作如下叙述：

性冲动是一种非常有力的冲动，在发展的不同阶段以不同的形式自我显示出来。幼儿时期的表现形式是想触摸、玩弄身体的某些部位；童年时期的形式是对“脏话”的好奇和喜爱；青春期则采取了更为成熟的形式。无疑，性行

①这包括警察、法官，但根本不能包括任何现代教育家。

为不当是受性思想的推动，因而，保持纯洁的最好办法就是用与性问题完全无关的事来占据年轻人的身心。所以，绝不能告诉他们任何与性有关的事，必须尽最大可能不让他们彼此间谈论性问题，成年人必须装出根本没有这个话题的样子。用这些方式，可以使姑娘直到新婚之夜都对性知识一无所知。这时，人们可以预料，事实将使她十分惊恐，正好能产生每一个正统的道德家希望女性产生的那种对性的态度。对男孩子来说，问题要麻烦些，因为要想在十八九岁之前让他们一无所知是不可能的事。适当的方法是告诉他们手淫一定会引起精神病，而与妓女性交一定会染上花柳病。这两种说法都不准确，但这并非恶意的谎言，因为这些谎言是出于道德的考虑而编造的。还应该教育男孩子，任何时候都不允许谈论性问题，即使在婚姻生活中也不行。这样，当他结婚时，就增加了他使妻子性厌恶的可能性，从而保护她不致有通奸的危险。婚外性关系是罪恶，但婚内性关系不是罪恶，因为这是人类繁衍所必需的。然而这却是加诸人类的讨厌的责任，是对人类堕落的惩罚。在精神上，人承担这一责任等于是接受一次外科手术。不幸的是，除非煞费苦心，性行为往往伴随着欢愉。然而，道德上的烦恼忧虑，也能妨碍这种欢愉，至少女性是这样。在英国，书刊中谈及妻子能够而且应该从性交中得到欢愉是非法的（我就听说过，法庭出于这个原因和别的原因宣判一本小册子为淫秽刊物)。法律、教会、守旧的青年教育家关于性的态度就是以上述观点为依据的。

考虑这种态度在性领域的影响之前,我想就其在其他方面的后果先说几句。依我看,首要的也是最严重的后果是妨碍了年轻人的科学好奇心。聪明的儿童想了解世界上的一切。他们要问许多问题,火车啦,汽车啦,飞机啦,还要问雨是什么造的,婴儿是什么造的,等等。儿童带着好奇心提出的这些问题表明他们是完全诚实,都不过是巴甫洛夫①所说的"它是什么?"的反射而已。这是一切科学知识的源泉。当充满求知欲望的孩子一旦被告知自己在某些方面的这种求知冲动被视为坏事时,他的全部科学好奇心的冲动便被抑制了。开始,孩子并不知道哪些好奇心是允许的,哪些是不允许的。要是问婴儿是什么造成的是坏事,也许问飞机是怎么造成的也不好,孩子并不知道该问什么。无论如何,他都只好得出这样的结论:科学好奇心是种危险的冲动,决不能任其不受抑制。孩子还没来得及知道任何东西,就必须忙于弄清这是好知识还是坏知识。而且,由于性好奇心在衰退之前总是非常强烈,孩子便可能得出结论,认为自己极欲了解的知识都是坏知识,而唯一的好知识又

①巴甫洛夫(1849~1936):俄国生理学家,以研究条件反射作用而著名。——中译注

是没有人想了解的,例如乘法表。追求知识——这一所有健康儿童的自发冲动由此便被断送了。孩子们被人为地搞蠢了。我认为,受过传统教育的妇女一般说来比男子更为愚钝,这是不可否认的事实。我认为,这主要是因为,在青年时代她们对性知识的了解被更为有效地扼杀了。

除了这种智力上的损害,大多数情况下还有非常严重的道德损害。弗洛伊德首先指出,每个和孩子亲近的人很快也会发现,关于鹳鸟与醋栗丛的神话通常受到怀疑。所以孩子终于知道父母爱对他撒谎。要是父母在一件事上撒谎,在另一件事上他们也可能撒谎,因此父母的道德权威与精神权威便荡然无存。另外,既然父母在与性有关的问题上撒谎,孩子们认为,在这类问题上他们自己也就可以撒谎了。于是,他们可能彼此谈论起这些话题来,并很可能暗中开始手淫。这样,孩子们开始养成了欺骗与隐瞒的习惯。同时,由于父母的威胁,他们的生活开始笼罩上了恐惧的阴云。心理分析已经表明,父母和保育人员有关手淫的不良后果的恐吓是精神障碍最常见的原因,这些障碍不仅发生在儿童时代,而且发生在成人时期。

因此,在性问题上对年轻人的传统处理方法的结果是使人愚昧、欺诈、胆小,把为数不少的人逼到了精神失常的临界线上。

在一定程度上,所有必须与年轻人打交道的明智的人们都已承认了这些事实。然而,它们尚未为法律及执行法律的人所知,就像本章开始时引用的案子一样。所以,目前就成了这样的状况,每个见识广博、必须与孩子打交道的人都被迫在这两种方法中选择一种:或者违法,或者让他管理的儿童遭到道德与精神损害。法律难以改变,因为许多上了年纪的人有着严重的误解,认为性乐趣必须依存于性是邪恶的、肮脏的信念。恐怕,在现已年老或已到中年的人去世之前,不可能有任何改革的希望。

至今,我们一直在考虑性范围之外传统方法的坏作用,现在该更明确地考虑这个问题在性方面的情况了。无疑,道德家们的目的之一是想防止对性问题的沉迷。目前,性沉迷是太常见了。伊顿公学的一位前校长最近断言,男学生的话题几乎总是两种——要么单调乏味,要么淫秽下流;而他所了解的男生都是在最传统化的家族中成长起来的。把性造成了神话,这自然大大地提高了年轻人对这个问题的好奇心。要是成年人像对待任何其他问题那样恰如其分地对待性,回答孩子的全部问题,并且恰到好处地让他了解他想要了解和能够了解的东西,孩子绝不会获得淫秽的概念,因为这种概念的形成正是在于某些话题不能提及这一信念。性好奇心也和其他任何好奇心一样,一旦满足也就平息下去了。所以防止年轻人沉迷于性的最佳方法,就是恰如其分地让他们知道他们想要了解的东西。

我并不是先验地提出这一点，而是根据经验这么说。我对我学校的孩子进行的观察，有力地证明了成人的假装正经引起儿童龌龊思想的看法是正确的。我自己的两个孩子（男孩7岁，女孩5岁）就从来没有受过性或排泄有任何特别之处的教育，至今仍然被最大限度地排除在一切关于正派和相对下流的观念的知识之外。他们对婴儿从何而来的问题显示出了自然而健康的兴趣，但并没有超过对机车和铁路的兴趣。然而，无论是否有成年人在场，他们对这类问题也没有显出任何想穷追不放的趋向。至于学校的其他孩子，我们发觉，要是他们两三岁，甚至4岁来上学的话，发展情况和我们的孩子完全一样。但是，六七岁才来的学生却已学会把任何与性器官有关的事都当成不道德的事了。他们发现学校里谈到这些事的口吻与谈论别的任何事一模一样时，就很惊奇。一段时间里，他们对能谈论自己感到不道德的东西有一种解脱感。但是，一发现成年人根本不制止这种谈话时，他们慢慢也就厌倦起来，其思想也变得几乎和从来没有接受过正派教育的孩子一样纯洁。当新入学的孩子想谈论他们认为是不合适的东西时，他们已完全厌倦了。因此，一股清新空气注入到这个话题，使之得到了净化。在黑暗中才得以滋生的毒菌便烟消云散了。我真的难以相信，还可能有别的什么方法能使孩子对人们通常认为不道德问题的态度变得如此健康、正派。

我认为，那些想把性从淫秽中净化出来的人，还没有充分认识到这个问题被基督教道德家掩盖了的一个方面。就本性而言，性问题与排泄过程有联系。只要人们以厌恶的心情对待排泄过程，心理上也会自然地以这种厌恶感来对待性问题。因此，有必要别使孩子们对排泄过程过分吹毛求疵。当然，出于卫生原因，采取某些预防措施是必要的。然而，一旦孩子能了解的时候，就应该说明这些预防措施仅仅是出于卫生原因，而不是这些自然机能有什么固有的令人厌恶之处。

我不是在这一章探讨应该有什么样的性行为，而只是探讨我们对性知识问题应该采取什么样的态度。我愿意，我希望，而且我也相信，至此我所谈到的关于向年轻人传授性知识的问题，已经得到了所有开明的现代教育家的同情。然而，我要开始探讨更有争议的问题。我担心，这个问题要得到读者的同情可能更为困难，这就是被人们称为“淫秽文学”的问题。

英美两国的法律宣布，在一定情况下，当局可以销毁被视为淫秽的文学作品，处罚作者与出版商。在英国，根据1857年的《坎贝尔勋爵法案》就可以这么办。该法案说：

> 根据控告，如有任何理由确信任何机构或其他地方存有供出售或散发的任何淫秽书籍，等等，

> 根据任何此类物品已由上述机构出售或散发的证据，只要此类物品具有淫秽性质及淫秽描述，一经发行即触犯法律。如由此而被起诉的话，法官可通过特别搜查令，下令没收此类物品。在传唤该机构所有人作证后，如被查封物符合搜查令所述性质，并用于上述目的的话，该法官或别的法官可下令予以销毁。①

该法案中所用的“淫秽”一词并没有准确的法律定义。在实践中，要是法官认为一种出版物是淫秽品，那么它在法律上就是淫秽品了。而且法官用不着听取专家的任何证词，以说明在这种特殊情况下，该出版物可能是服务于某种有用的目的，而不能被简单视为淫秽品。这就意味着，任何小说或社会学论文，或者任何对改革有关性问题法律的提议，都可能因为某个无知、年龄又稍老的人碰巧发觉这些东西读起来不合胃口而毁于一旦。这种法律的后果极为有害。众所周知，哈夫洛克·埃利斯的《性心理研究》第1卷就是因为这条法律而遭到责难。幸好，事实证明美国人在这个问题上更为宽厚。② 我认为，任何人都不会认为哈夫

---

①德斯蒙德·麦卡锡：《淫秽与法律》（1929年6月），载《生活与通信》。

②由于对该书的起诉，致使以后各卷不能在英国出版。

洛克·埃利斯有什么不道德的目的。只想寻求下流刺激的人似乎也极不可能去读这部博学精深、认真严肃的鸿篇巨著。当然,我们在探讨这一题目时,要想不提及那些一般法官绝不会在妻子或女儿面前谈到的问题,是不可能的。然而禁止出版这样的著作,也就是不允许严肃的研究者了解这方面的事实。我以为,从传统的观点来看,埃利斯著作中令人不快的内容之一就是他对历史事例的收集。这些例子表明,现存的方法无论在塑造美德还是在培养健康的精神方面,都是多么地不成功。这些文件为理智地判断现有的性教育方法提供了资料。法律宣布不能让人们了解这些资料,因此我们在这方面的判断是以无知为基础的。

对《孤独之源》的谴责(在英国,而不是在美国)又突出了检查制度的另一个问题,即小说中任何涉及同性恋的问题都是非法的。在法律还不是那么蒙昧的欧洲国家,研究人员对同性恋问题有着大量的了解。但在英国,对同性恋问题无论是作学术上的研究还是想象性的描写,都是不允许的事。男性间(不是女性间)的同性恋在英国属于非法,所以要提出任何论据以要求改变这方面的法律,将十分困难。因为根据淫秽的理由,同性恋本身就是非法的。但是,任何不惮其劳研究这个问题的人都知道,这个法律本身就是野蛮无知的迷信的结果,没有人能提出任何有利于这项法律的任何论据。对于乱伦问题也是这样。若干年前通过的一项新法律规定了若干形式的乱伦是非法行为，但是，根据《坎贝尔勋爵法案》，支持或反对这项法律的论点都是非法的，除非提出的论点空洞抽象，有意使之没有任何力量。

坎贝尔法案另一个有趣的结果是，探讨许多问题只能用很长的技术性词汇。这些词汇只有受过很高教育的人才能懂得。提到这些问题时，不能使用普通人能理解的任何语言。该法允许谨慎地使用“交媾”(coitus)这一书面语，但不允许使用这个词的单音节同义词。在最近的“徒劳的差使”一案中，这一点已经给决定了。有时，禁用简单语言会产生严重后果，例如，桑格夫人①为劳动妇女写的关于节育的小册子，就是因为劳动妇女能理解它而被宣布为淫秽品的。相反，马利·斯托普斯医生的书因为只有受过一定教育的人才能看懂，所以就不是非法的。结果就成了教有钱人节育知识就可以，而教劳动者及其妻子节育知识就是罪过。我曾提请优生学会注意这一事实，因为该学会总是在哀叹劳动者比中产阶级生育快，但同时又小心翼翼地放弃任何改变引起这种状况的法律的想法。

许多人都认为反对淫秽出版物的法律结果令人遗憾，然而又都认为这么一项法律是必要的。我自己认为，既要制定反淫秽法又要不产生这些不良后果，这是不可能的。

①桑格(1883~1966)：美国节育专家。——中译注

考虑这一现实,我倒赞同根本不要对此立法。我的论点有双重理由:一方面,任何法律在禁止不良方面的同时都会造成良好方面也被禁止;另一方面,如果性教育合理的话,那些公然的色情刊物只能引起很小的危害作用。至于第一个理由,自英国实行坎贝尔法案以来已有大量的事实可以证明。正如任何看过有关这项法案的争论情况的人都会发现的那样,这项法案的目的仅仅在于查禁色情印刷品。当时,人们认为,起草这样的法案不会被用来反对其他类型的作品,但是这种想法却没有充分估计到警察的聪明和法官的愚昧。莫里斯·欧内斯特和威廉·西格尔①在一本书中对整个检查制度作了令人叹服的论述。他们探讨了英美两国的经验,对其他国家的经验则探讨得较为简单。经验表明,特别是英国的戏剧检查表明,那些估计会激起色欲的戏剧轻易地就通过了检查,因为检查官不愿被人们认为是道学先生;而严肃戏剧却引起了大问题,例如《华伦夫人的职业》②就用了许多年才通过检查。而像《钦契一家》③这样超凡的诗剧,尽管剧中没有一个字可以激起甚至像圣·安

①见《致纯洁者》一书,海盗出版社,1928年版。

②英国戏作家萧伯纳的剧本,此剧尖锐揭示了娼妓制度的社会根源。——中译注

③雪莱诗作《钦契一家》中的主角钦契是个残酷无情的家庭暴君,同时又是个好色之徒。——中译注

东尼这种人的色欲，然而却费了100年时间才克服了张伯伦勋爵那种男子汉胸中升起的厌恶之感。美国虽然不存在检查制度，但戏剧方面的情况实质与英国一样。霍拉斯·利夫莱特关于《俘虏》[①]而进行的勇敢斗争的结果，就证明了这一点。因此，基于大量的历史事实，我们可以说，检查制度可以被利用来对付严肃的艺术或科学的研究，而那些纯粹为了色情目的而写作的人却总能找到办法钻法律的空子。

另外，进一步反对检查制度的理由是，明目张胆的色情文学比起偷偷摸摸的、暗中使人发生兴趣的色情文学来说，危害还要小一些。尽管有了法律，但几乎每个富有的人青春期都看过春宫照片。由于这些东西难以搞到，他们还以拥有这些东西为荣。持传统观点的人认为，这些东西对别人极端有害，尽管他们几乎没有一个人承认这些东西对自己也有害。无疑，他们也会被激起一阵色欲情感。但是，在任何性欲旺盛的男性中，这种情感如果不被这种方式激发也会被另一种方式激发。一个男人对欲望体验的频率要视其身体状况而定，而激起他这种情感的机会却要看他所习惯的社会习俗。对一个早期的维多利亚时代的男人来说，女人的脚踝就能给他以足够的刺激；但对一个现代男人来

---

①关于此事可参见《敲响自由的钟声》一书的出色记述。

说，大腿以下的任何部位他都无动于衷。这仅仅是衣着的风尚问题。如果裸体是风尚，裸体就不再会是激发因素，而妇女就会被迫以衣着来打扮自己以作为引起性吸引力的手段，就像某些原始部落的妇女一样。对文学作品和图片来说，原因也完全相同，维多利亚时代令人激动的东西，更为直率时代的男人却不为所动。主张允许限制性感染力程度的谦谦君子越多，使性感染力更为有效的要求则越少。色情感染力的十分之九都是由于年轻时道德家们灌输的关于性的下流情感引起的，只有十分之一是生理原因，它无论法律状况如何都会以某种方式发生。虽然我担心赞同我观点的人极少，但是根据这些原因，我坚决相信：对于出版物不应该有任何法律限制。

裸体禁忌是对性问题采取正当态度的障碍。现在许多人都认识到，在有小孩的地方，只要是自然的，让他们看见彼此的裸体和父母的裸体是件好事。在人的一生中有一个短暂的时期，大约3岁的时候，孩子对父母身体上的差别颇感兴趣，把自己和姊妹的身体做比较。但这个时期不久就会过去，然后他对裸体的兴趣就和对衣着的兴趣差不多了。只要父母不愿意孩子看见自己的裸体，孩子们必然会产生一种神秘感。由于有了这种感觉，他们将渴望了解并产生不好的想法。要避免不好的想法，只有一种办法，那就是避免神秘感。

此外，还有许多重要的有利健康的理由支持在适当的场合裸体，例如在阳光充足的户外。赤裸身子晒太阳对健康有很大好处。而且，任何看过不穿衣服的孩子在户外奔跑的人一定会有这样一种深刻的印象，即孩子们这样要比穿上衣服显得自如得多，其活动也显得更自由更优美。成年人的情况也和孩子一样。裸体的适当地方就是室外的阳光下、水流中。要是习俗允许这么做，性吸引力不久就会消失。我们都将更结实。由于空气和阳光与皮肤接触，我们都会更健康。审美标准将更接近健康标准，因为人们将关心躯体和体态而不仅仅限于面庞了。在这个问题上，希腊人的行为值得借鉴。

第 九 章

# 爱情在人类生活中的地位

令人奇怪的是,大多数社会对爱情的看法普遍都有两重性:一方面爱情是诗歌、小说和戏剧的主题;另一方面又为大多数严肃的社会学家所完全忽视,没有把爱情当作经济改革或政治改革计划中一种迫切需要的东西。我认为这种态度并不适当。我认为爱情是人类生活中最重要的事情之一,而且认为任何对爱情的自由发展进行不必要干涉的制度都不是好制度。

严格地说,爱情这个词并不表示两性之间的一切关系,而只是涉及重要感情的以及心理和身体间的那种关系。这种感情和关系可以强烈到任何程度。这种与《特里斯坦和绮瑟》[①]中所表达的感情和无数男女的经验是一致的。对

①《特里斯坦和绮瑟》是德国作曲家瓦格纳1869年作的一部歌剧。——中译注

爱的情感进行艺术表达的力量颇为少见，然而至少在欧洲，情感本身却是屡见不鲜的。在某些社会中，情感比别的社会常见得多。我认为，这并不是因为这个民族的本性，而是因为他们的传统与习俗。中国就少见，历史上表现出的特点就是被邪恶的妃子引入歧途的坏皇帝。传统的中国文化反对一切强烈的情感，认为男人在所有情况下都要保守住理性的王国。这方面与18世纪初很相似。经过浪漫主义运动、法国革命和第一次世界大战后，我们意识到，人类生活中的这种理性并不如安妮女王①统治时代人们所以为的那么重要。但在精神分析学说的创立过程中，理性本身又成了叛逆。宗教、战争与爱情是现代生活中的三大超理性活动。这三大活动都是超理性的，但爱情并不是反理性，即是说，一个有理性的人对于爱情的存在应该合情合理地感到欣喜。由于前儿章所讨论过的种种原因，可以看出，现代世界中宗教与爱情之间存在一定的对抗性。我认为这种对抗性并非不可避免。这种对抗只是由于基督教与其他某些宗教不同，是因为它的禁欲主义才产生的。

在现代世界里，爱情还有一个比宗教更为危险的敌人——劳动准则和经济成功。人们普遍认为，人不能让爱情与事业相抵触，这种看法在美国尤甚。谁这么干谁就是

①安妮女王（1665~1714）：1702~1714年为英国女王。——中译注

傻子。但是,和人类的问题一样,爱情与事业之间也需要平衡。虽然在某些情况下,可能是悲剧性的英雄诗,但完全为事业而牺牲爱情是愚蠢行为。同样,完全为爱情而牺牲事业也一样愚蠢,一点说不上是英雄诗。然而,在一个以攫取钱财为基础而组织起来的社会中,发生这种情况是不可避免的。以当今社会特别是美国的典型的商人生活为例:从一成年开始,他就将全部身心投入了商务活动,其余的一切都成了无关紧要的消遣。年轻时,他的肉体需要,可以随时从妓女身上得到满足。结婚之后,其兴趣又与妻子大相径庭,和妻子从来没有真正地亲近过。他回家很晚,疲惫不堪,早上妻子未醒他已起床。他的星期天都用来打高尔夫球,运动是必要的,因为搞钱需要强壮的身体。妻子的兴趣在他看来,本质上都是女人的玩意儿。他虽然赞同妻子的这些兴趣,然而根本不想与她共享。除了婚内之爱,他已没有时间再去寻求不正当的男女之情。当然,离家在外办事时,偶尔也去花街柳巷。也许妻子在性问题上对他冷漠淡泊,这一点也不奇怪,因为他根本没时间与她做爱求欢。他的无意识觉得不满足,但又闹不清原因何在。这种不满足主要是被工作淹没了,当然也有其他一些原因,比如观看职业拳击或迫害激进分子所产生的那种虐待狂的快感。同样不满足的妻子则在二流文化中求得发泄,在谴责那些生活得慷慨自由的人中维持自己的节操。这样,夫妻之间性满足的贫乏，就转化为以公共精神和高尚的道德标准为伪装的对人类的仇恨。这种不幸状态主要是由于我们对性需要的错误概念。圣·保罗明确认为婚姻中唯一需要的就是性交机会，总的说来，基督教道德家的学说助长了这一观点。他们对性的厌恶，使他们对性生活的一切其他更为美好的方面都视而不见，同时使那些在青年时代受他们学说之苦的人在社会生活中也看不到自己的潜力。爱情是远远不止于性交欲望的东西，它是使大部分男人和女人大半生摆脱孤独的主要手段。大多数人对冷冰冰的世界，对世人可能的残酷，都有着根深蒂固的恐惧，有着对情爱的渴望。然而，情爱又常常被男人的粗鲁、野性和霸道行为，以及女人的唠叨、责备掩盖。只有彼此间热烈的爱情存在，才能使这种感觉终止，从而打破自我的堵堵硬墙，产生一个合二为一的新存在。大自然造就了人，但并不是要他们形单影只，因为人只有在得到另一个人的帮助时才能完成其生物性目的。文明人要是没有爱情，就不可能满足其性的本能。要是一个人的整个存在，包括精神的和肉体的存在，不进入爱情关系，这种本能也就不能完全得到满足。那些从来不知道彼此幸福相爱中的深刻亲密感和强烈伴侣关系的人，必定体会不到生活所能赐予的最美好的东西。哪怕不是有意识地，他们也会无意识地感觉到这点。由此引起的失望将使他们妒忌、压抑、冷酷。因此，如何给热烈的爱情以适当的位置，这应该引起社会学家的关切。要是他们不这么办，天下男女将得不到充分的发展，也不能从别人那里感觉到慷慨的温暖。没有这种温暖，他们的社会活动一定会受到损害。

只要有了适当的条件，大部分男人和女人都会在生命的某个时期体验到热烈的爱情。但是，没有经验的人很难区别纯粹的性饥饿和热烈的爱情，大家闺秀们尤其如此。她们受的教育就是：要是不爱一个男人就别亲吻他。如果要让一个姑娘直到结婚时仍然是个处女的话，她往往会陷入短暂而肤浅的性吸引的罗网；但一个有性经验的女性要辨别这种性吸引与爱情，却是轻而易举的事。无疑，这往往是不幸婚姻的缘由。即使有着相互的爱情，一方或双方认为爱是罪过的信念也会伤害爱情。这种信念的根据很容易找到。例如帕内尔①的私通无疑是有罪的，因为他使爱尔兰愿望的实现推迟了许多年。但是，即使是没有根据的犯罪感，爱情也同样会受到伤害。如果爱情要产生它能够产生的一切好处，就必须自由自在、慷慨大方、无拘无束而且全心全意。

传统教育加于爱情甚至婚内爱情的罪恶感，常常在男男女女的无意识中起作用，也就是说，它不仅影响着那些坚

---

①帕内尔(1846~1891)：爱尔兰自治党领袖，主张爱尔兰自治。——中译注

持旧传统观念的人,而且影响着那些理性意识已经相当开化的人的无意识。这种态度的结果多种多样,它常常使男人在性行为中粗暴、笨拙、冷漠无情。因为他不能让自己谈论性行为以弄清女方的感情,也无法充分估量逐渐达到的最终行动,而这种最终行动对大多数妇女的欢愉来说又是至关重要的。确实他们常常认识不到妇女应该体验到欢愉。如果她们无法体验到的话,那就是她们的情人的过错。受传统教育的妇女常常有一种高傲的冷淡和巨大的肉体保留态度,不愿轻易允许肉体的亲昵。老练的求爱者可能克服这些羞怯感,但是,那些赞赏这种羞怯感并认为这正是品德高洁的妇女的特点的男人,就不容易克服了。其结果就是,即使婚后多年,夫妻关系也不自然,多多少少都是一本正经的。在我们的曾祖父时代,丈夫别想看见妻子的裸体,妻子对这种提议也会感到万分惊诧。这种态度至今仍然比我们可能想象的更为普遍,即使在超越这种观点的人中间,也还存在着大量的旧框框。

现代社会阻碍爱情充分发展的还有另外的心理阻碍,那就是许多人害怕不能保持个性的完整。这是一种愚蠢然而又更为现代的恐惧病。个性本身并非目的,而是一种必须与世界进行富有成果的接触的东西,在接触之中必须丢掉它的分离性。放在玻璃瓶中的个性要枯萎,而在与人的接触中自由扩展的个性则会丰富起来。爱情、孩子、工作是个人与外部世界之间进行有益接触的巨大源泉。按顺序看,爱情通常名列前茅。另外,父母的影响对孩子的最佳发展也十分重要,因为孩子容易再现父母双方的特征。如果父母彼此不相爱,他们在与孩子相处时就会只喜欢自己的特征,并为对方的特征而痛苦不堪。工作决不会使一个人与外部世界之间的接触总是富有成效的,究竟是否有成效将取决于他在这种接触中所采取的精神。仅仅以金钱为目的的工作不会有这种价值,而只有体现了某种献身精神的工作,无论是对人、对事还是仅仅对一种幻想而献身的工作,才能有这种结果。当爱情仅仅是为了占有时,爱情本身也就失去了价值,这时爱情就和纯粹为了金钱目的的工作处于同一层次了。为了获得我们正在讨论的这种价值,爱情必须把被爱者的自我看得和自己的自我同样重要,必须意识到对方的感情和愿望,就像意识到自己的感情和愿望一样。也就是说,必须有一种本能的感觉,而并非仅仅是自我感觉的有意识的延伸,以便包容对方的自我感觉。但我们这个竞争激烈的社会,以及源于新教与浪漫主义运动的愚蠢的个人崇拜,都使这一切颇为困难。

在已经开化了的现代人中间,我们所关切的严肃爱情还受到了另一种新的威胁。当人们在任何时候对性交都不再感到有任何道德障碍时,当哪怕是微弱的冲动都可能使他们进行性交时,他们便沾染上了将性欲同真挚情爱分离开来的习惯，甚至可能发展到把性欲和仇恨感情相糅合的地步。奥尔德斯·赫胥黎①的小说对此作过最精彩的描写。和圣·保罗一样，书中的人物认为性交仅仅是一种生理发泄，他们似乎并不知道能够与性交相结合的更高的价值。这种态度距复苏禁欲主义只差一步而已。爱情自有其自身的高尚理想和内在的道德标准。基督教教义和许多年轻人对一切性道德一概反对，把这些高尚理想与道德标准也搞得模糊不清了。性交与爱情的分裂不能给本能以任何深刻的满足。我并不是说，这种情况绝不应该发生，而为了保证不发生此种情况，我们应该设置难以逾越的障碍，结果使获得爱情也成为一件十分艰难的事。我的意思是说，与爱情分裂的性交没有什么价值，只能看成是带有爱的想法的一种实验。

我们已经看到，宣布爱情在人类生活中占有公认的地位，其意义十分重大。但是，爱情是一种无政府状态的力量。要是放任其自由发展，任何法律或习俗都无法对它进行约束。只要不涉及孩子，这也不会成为什么大问题。然而只要一有孩子，情况就不同了。这时，爱情便不再是自发行为，而是服务于物种的生物性目的的行为了。必须有一

---

①奥尔德斯·赫胥黎（1894~1963）：英国小说家、诗人及散文家，《天演论》作者托马斯·赫胥黎之孙。——中译注

种与孩子有关的社会道德。一旦发生冲突,社会道德就可能压倒情爱的要求。但是,明智的道德应该把冲突降低到最大限度,因为不仅爱情本身是美好的事,父母彼此相爱对孩子也是美好的。保证爱情的干扰不与孩子的利益相悖,这应该是明智的性道德的主要目的之一。但是,这个问题只有在探讨家庭问题的时候才能讨论。

第十章

# 婚 姻

在这一章,我想暂不考虑孩子,而只把婚姻作为男人与女人之间的关系来加以探讨。当然,婚姻不同于其他性关系,因为它是一种法律制度。大多数社会中,婚姻也是一种宗教制度,但它的法律方面却是本质的东西。法律制度只是体现了一种实践,这种实践不仅存在于原始人之间,而且也存在于猿与各种别的动物之间。只要养育后代需要雄性的配合,那么实质上动物实行的就是婚姻。一般说来,动物实行的是一夫一妻制。根据某些权威的说法,类人猿中的情况尤其如此。如果这些权威的说法可信的话,这些幸福的动物看来是没有面临使人类社会恼火的问题了。因为雄性一旦结婚,任何别的雌性对其便不再具有吸引力;而雌性一旦结婚,也就失去了对任何别的雄性的吸引力。所以,尽管类人猿之间不借助宗教,但也不会发生罪恶行为,因为本能就足以产生美德了。在最低等的野蛮人种之间也有某种证据,表明存在着这种状况。据说灌丛人①就是严格的一夫一妻制。而且我还知道,塔斯马尼亚人(现已绝灭)对妻子总是忠贞不渝的。即使在文明人之中,也还不时能感觉到一夫一妻制本能的蛛丝马迹。考虑到习惯对行为的影响,一夫一妻制对本能的控制力并不那么强,这也许令人吃惊。但是,这却是人类精神特质的一个例子。就是从这种特质产生了人类的恶行与才智,即打破习惯的想象力和产生新的行为方式。

看来,首先打破原始的一夫一妻制度的可能是经济动机的侵入。经济动机无论在哪里对性行为施加影响都必定是灾难性的事,因为它用奴役关系或买卖关系取代了基于本能之上的关系。在早期的农业与畜牧社会,妻子与孩子都是男人的经济财产。妻子为他干活,孩子在五六岁之后对田间劳作和照管牲畜也开始有所帮助。于是,最为强大的男人便尽可能多地占有妻子。一夫多妻制很少能成为一个社会的普遍行为,因为通常不会有大量过剩的妇女,那只能是首领与富人的特权。大群的妻子与孩子构成了有价值的财产,因而加强了所有者本来就已经拥有的特权地位。于是,妻子的主要作用如同有利可图的家畜,妻子的性功能变成了从属地位。一般说来,在这种文明水平上,男人提出

①灌丛人:南非卡拉哈里沙漠地区一个黑人游牧部落。——中译注

与妻子离婚是比较容易的，即使要离婚他也必须把女方带来的陪嫁品全部归还女方的家庭。但是，总的说来，妻子要想主动与丈夫离婚却是不可能办到的事。

大多数半文明社会对私通的态度也与这种观点有关。文明程度很低时，人们有时能容忍私通行为。我们听说，当萨摩亚人[1]必须外出旅行时，就完全料到妻子在他们外出时可能自寻欢乐。[2] 但当文明程度略为提高时，妇女私通就将被处死或受到十分严厉的处罚。在我小的时候，芒戈·帕克[3]关于芒波·江波的故事妇孺皆知，但近年来，当我发觉文化修养较高的美国人暗指芒波·江波是刚果之神时，我感到非常痛苦。其实，江波既不是神，也与刚果毫无联系，而是上尼日尔（the upper Niger）的男人们杜撰出的，用来恫吓犯了罪的妇女的魔鬼。帕克对江波的描述必定会使人联想到被现代人类学家小心翼翼想要隐瞒的伏尔泰[4]关于宗教起源的观点。现代人类学家不能容忍理性的卑劣侵入到野蛮人的活动中。一个男人与别人的妻子性交当然也是犯罪，但与未婚妇女性交却不会招致任何谴责，除非他降

---

①南太平洋萨摩亚群岛上的居民。——中译注

②玛格丽特·米德：《萨摩亚人的成年》，1928 年，第 104 页。

③芒戈·帕克（1771~1806）：苏格兰的非洲探险家。——中译注

④伏尔泰（1694~1778）：法国哲学家、剧作家、历史家，是一位自然神论者。——中译注

低了这个妇女在婚姻市场上的价值。

这种观点随着基督教的出现而改变了。婚姻中的宗教因素大大增加,对违犯婚姻法的谴责也是以禁忌为根据而不是从财产观点出发,未婚男人与别人的妻子性交仍然是对那个妻子的丈夫的冒犯,但婚外性交却是对上帝的冒犯。按教会的观点,这要严重得多。根据同样的理由,以前男人很容易获准的离婚也被宣布为不允许的事。婚姻成了神圣的事业,因而是毕生的事业。

对人类幸福来说,这是得还是失,很难说得清楚。就农民而言,已婚妇女的生活总是非常艰难的,总的来说,在尚未开化的农民中一直是最艰难的。在野蛮民族中,25 岁的妇女已到了老年,不可能指望到了那个年龄还能保留一星半点美的痕迹。对男人来说,把妇女当作家畜的观点无疑非常惬意;但对妇女来说,则意味着终身劳累和终生苦役。基督教在某些方面使妇女,尤其是富有阶级中的妇女处境更加恶劣的同时,至少却又承认了妇女在神学上与男子平等的地位,不把她们视作丈夫的绝对财产。当然,已婚妇女并没有离开丈夫到另一个男人身边去的权利,但她却可以因为宗教生活而离开丈夫。在众多的人口中,从基督教立场而不是基督教以前的立场出发,妇女朝着更好地位发展的整个过程变得较容易一些了。

当我们环顾当今世界,扪心自问什么样的条件总的看来似乎能使婚姻幸福,什么样的条件又使婚姻不幸时,我们不能不得出一个颇为奇特的结论,即越是文明的民族,人们似乎越不可能与配偶取得终身的幸福。虽然爱尔兰农民直到近代仍由父母决定婚姻,但了解他们情况的人却说,他们的婚姻生活基本上是幸福纯洁的。总的看来,人们开化越少的地方,其婚姻越安乐。当一个男人与别的男人无甚差别,妇女也与别的妇女相差无几时,就没有特殊的理由为没有与其他人结婚而感到遗憾了。但是,情趣丰富、追求与兴趣甚多的人,却趋向于要求配偶志趣相投。当他们发现没有得到本可以得到的东西时,便会产生不满足的感觉。倾向于仅仅从性的观点来看待婚姻的教会却认为,配偶双方彼此的一切都应该完全一样,其中任何一方没有理由不同于对方,因此坚持婚姻的不可离异性,认识不到婚姻常常苦不堪言。

有利于婚姻幸福的另一个条件是未婚女性少,丈夫没有与其他女性相会的社交机会。除了自己的妻子之外,如果没有与其他任何妇女发生性关系的可能性,那么,除了极为糟糕的情况外,大多数男人都会充分利用婚姻,感觉婚姻是可以容忍的。这种情况对妻子同样如此,特别对那些从来没有想到婚姻还会带来巨大幸福的妻子更是如此。就是说,如果夫妻双方都没有指望从婚姻得到多大幸福的话,那么婚姻就可能是被称之为幸福的东西了。

出于同样的原因,社会习俗的稳定性有利于防止所谓的不幸婚姻。如果婚姻关系已得到最终的、不可撤销的承认,就不会产生在婚姻之外徘徊,梦想着可能的、更令人心醉的幸福了。为了保证这种精神状态下的家庭安宁,只需夫妻双方都不要放肆地堕落到公认的体面行为的标准之下——无论可能是什么标准——就行了。

在现代社会的文明人之间,根本不存在这种幸福的条件。因此,人们发觉,婚后最初几年过后,幸福的婚姻就所剩无几了。某些不幸的原因与文明有着密切的关系,但是,如果男男女女们比现在更为文明的话,其他的原因就将消失。我们先来探讨这些其他原因。这些原因中,最为重要的是糟糕的性教育。这种教育在富人之间比在农民之间要普遍得多。农民孩子很早就习惯于人们所称的生活现实了。这些现实,他们不仅能在人类间观察到,而且在动物间也能观察到。因此,他们既不会显得无知,也不会过分挑剔。相反,接受悉心教育的富家孩子却与一切和性问题有关的实际知识相隔绝。就连用书本外的知识教育孩子的现代父母,也不会向孩子传输农家孩子很早就知道的男女间实在的亲密感。基督教的教诲是在男女双方以往都没有性经验而结婚的时候才取得胜利的。如果是这种情况,十有八九结果都很不幸。人类之间的性行为不是本能,所以人们可能完全不知道这一事实。没有经验的新娘新郎都发觉自己完全被羞耻与不适压倒了。如果只是女方完全无知而男方已从妓女那儿有所了解的话,情况也许略微好些。大多数男人都不知道,婚后的求爱仍然是必要的。许多受良好教育的妇女也不知道,她们态度上的保守和身体上的超然冷漠会给婚姻带来什么损害。这一切如果通过更好的性教育都可以得到纠正,而事实上,现在年轻一代的情况比起父母辈和祖父母辈也要好得多了。以前在妇女中有种很广泛的信念,即认为因为她们的性快感不那么强,所以道德上便高于男人。这种态度使夫妻间不可能产生坦诚的伴侣关系。当然,这种态度本身就很不合理,因为体验不到与道德相去甚远的性乐趣,就像不能欣赏食品的美味一样,纯粹是生理和心理上的缺陷。这也是100年前人们希望高雅妇女应有的态度。

但是,婚姻不幸的其他现代原因解决起来并不容易。我认为,无拘无束的文明人,无论男女,在本能上总是倾向于多配偶型的。他们可能深深地坠入情网,若干年完全醉心于一个人。然而,或迟或早,性亲昵磨钝了他们情感的锋刃,于是他们又到别的地方去寻求旧激情的复苏了。当然,为了道德也可能控制这种冲动,但要制止这种冲动的存在却难乎其难。随着妇女自由程度的提高,私通的机会也比以前大得多了。机会引起思想,思想引起欲望,要是没有宗教顾忌,欲望便会引起行动。

妇女的解放从各个方面都使婚姻更为困难。在旧时代,妻子必须使自己适应丈夫,但丈夫却不必使自己去适应妻子。今天,由于自己本身享有的妇女权利和自己的事业,许多妻子不愿让自己过分地去适应丈夫;而仍然眷恋男性统治的旧传统的男子,却看不出他们要去适应妻子的理由。这种麻烦与不贞有关时显得十分突出。旧时代,男子偶有不忠,但一般说来妻子并不知道。如果妻子知道了,丈夫便坦白自己犯了错,并使妻子相信他悔过了。但妻子往往是道德的。要是妻子有了不道德行为并被丈夫知道了,婚姻便直告破裂。像许多现代婚姻所发生的情况一样,在要求相互忠诚的地方,妒忌本能也就死灰复燃。而且事实证明,即使没有发生公开的争吵,妒忌本能对于维护根深蒂固的亲密感均有致命的影响。

另外,现代婚姻还有一个难题,那些对爱情的价值最有意识的人对此感受特别深。爱情之树只有在自由发展、自发产生的环境中才能枝繁叶茂,如果把它当成一种责任就容易扼杀爱情。如果要说爱某人是你的责任,那么这最可能成为你恨此人的原因。因此,作为爱情与法律契约相结合的婚姻便两头落空了。雪莱①说:

①雪莱(1792~1822):英国诗人。——中译注

每个人都应该从人群中
挑选一个情妇或朋友，
剩下的虽然美丽而聪明，
但还是把他们通通忘记。
这就是那大教派的教义，
虽然符合现代的道德准则，
但我绝不依附于它。
老路上，贫奴拖着疲惫的步伐
和受奴役的朋友或妒忌的敌人
经过人世大道旁的死者回家，
如此阴郁漫长，这旅途多么可怕。

毋庸置疑，一个人如果将其心灵关闭在婚姻中，而将来自其他地方的一切爱情都拒之门外，他的感受性和同情心，以及宝贵的人类接触机会就会随之消失。从最理想主义的立场来看，这是对某些本身是可取的东西的粗暴伤害。跟每种限制性道德一样，它只会肯定并强化那种可以被称为对整个人类生活所持的“警察观点”，即总在寻求机会对某些事物加以禁止。

出于这些缘由，其中许多原因无疑都和美好的事物有着紧密的联系，婚姻变得困难了。哪怕婚姻不会成为幸福的障碍，也必须用某种新的方法来看待它。有一种办法人们常常提到，而且这种办法在美国广被采用，即让离婚变得较为容易。同每一个具有人道精神的人必定有的想法一样，我当然也认为英国的法律对准予离婚的理由应比现在所认可的理由多一些。但我并不认为轻而易举的离婚是解决婚姻矛盾的办法。如果没有孩子，即使夫妻双方的行为都竭力规矩庄重，也许离婚仍常常可能是正确的解决办法。然而，如果有了孩子，我认为，婚姻的稳定性就是相当重要的问题了（我将和家庭问题联系起来探讨这个问题）。我认为，如果婚后生儿育女，夫妻双方都理智庄重地对待婚姻，那就可以指望这样的婚姻能成为百年之好，但是也别认为它就一定会排斥其他的性关系。婚姻如果以热烈的爱情开始并培育出双方渴望、双方热爱的孩子，这种婚姻就应该在夫妻之间产生一种十分紧密的联系，即使在性的激情衰退之后，甚至夫妻之间一方或双方对其他人产生性的热情之后，他们仍然会感到相互的伴侣关系有某种非常宝贵的东西。然而，妒忌一直妨碍婚姻的这种甜密关系的形成。虽然妒忌是一种本能情感，但是如果我们认识到妒忌是件坏事，也是可以对其加以控制的，而不应该使之成为道德义愤的表示。伴侣关系一旦持续了多年并经历了许多深有感触的事件，就必然具有丰富的内容。这种内容在恋爱初期是不会有的，无论初恋的年月可能多么欢愉迷人。任何了解时间可以增强价值的人，都不会因为新欢而轻易抛弃这种伴侣关系。

所以,即便婚姻必须具备许多条件,但是文明的男女仍然可以从婚姻中得到幸福。男女双方必须有完全平等的感情,绝不能干涉相互的自由。身心的亲密必须圆满充分,而且,在价值标准方面还必须有一定的相似之处(例如,要是一方只看重金钱,而另一方只看重好工作,就会出现严重的问题)。我相信,只要具备了这些条件,婚姻就能成为两个人之间最美好、最重要的关系。要是人们至今还常常意识不到这一点,那主要是因为夫妻俩把自己当成了对方的警察。如果要想使婚姻获得可能的成功,丈夫和妻子都必须明白:无论法律可能规定些什么,对他们来说,自己的私生活必须自由。

第十一章

# 卖　淫

只要尊贵妇女的贞操还被当作意义重大的问题，婚姻制度就必须由另一种可以真正被看作婚姻制度一部分的制度加以补充——我是指卖淫制度。大家都熟悉莱基那段名言，他说妓女是对家庭神圣性的保护，是对世间妻子和女儿们的天真纯洁的保护。这显然是维多利亚时代的感情，用的也是旧式的表达方式，然而事实却不可否认。道德家们谴责莱基，因为他的话激怒了他们。他们并非完全明白其中原委，同时又无法证明莱基说的不真实。道德家们断言，当然是完全真实地断言，如果男人遵奉他们的学说，那就不会再有卖淫。然而他们完全清楚人们不会那样办，因此，考虑人们如果遵奉他们的学说会发生什么情况，就毫无意义。

对卖淫制度的需要来自如下事实：有许多男人或者未婚，或者离开妻子外出。这些男人并不满足于节欲，而在传统的道德社会中他们又发觉尊贵的妇女无法得到。于是，社会便分出一定阶级的妇女以满足那些男性的需要。他们耻于那种需要,然而又害怕完全不满足的状态。妓女便有着这种好处,不仅可以召之即来,而且妓女除职业之外别无生路,可以毫不费力地做到隐秘行事。与之交欢的男人也可以在不损害其尊严的情况下回到妻子身边,回到家中,回到教堂。然而,尽管这个可怜的女人提供了无可置疑的服务,尽管她保护了男人们的妻子和女儿们的贞操,以及教区执事们显而易见的美德,她却横遭鄙视,被人们当作弃儿。除了做交易外,妓女便不能与普通的人们交往。自从基督教一取得胜利,这种明摆着的不公正就开始了,并且一直延续至今。妓女的真正冒犯在于她暴露了道德职业的空虚。就像检察官压制了弗洛伊德的思想一样,妓女必须被放逐到无意识的境地。但是,就像这些流放者一样,她因此却无意识地报了仇。

很多时候我从半夜的街上
听见年轻妓女诅咒哭泣
哭干了新生婴儿的眼泪
瘟疫与婚姻的灵车使她们凋零

卖淫并非一直都被视作受鄙弃的和见不得人的事。其实卖淫的起源是够高贵的,妓女原来是献身于神或女神的女祭司,扮演被崇拜的角色,为过往路人服务。那时,她受人尊敬,男人们利用她,也尊敬她。基督教牧师连篇累牍地对这种制度进行抨击,说这显示了异教崇拜的淫荡,是魔鬼的奸计。于是庙宇被关闭了,但许多地方已经存在的卖淫不仅没有消失,而且变成了赚钱的商业机构——不是为妓女们赚钱,而是为了她们的道德奴隶主,因为直到近代(现在也总是这样),个体妓女毕竟很少,绝大多数妓女都在妓院、浴室或其他声名狼藉的机构。在印度,从宗教卖淫到商业卖淫的过渡至今尚未完成。《印度母亲》一书的作者凯瑟琳·梅奥就以宗教卖淫为例作为她对印度的控诉之一。

除了南美洲①以外,卖淫业似乎正在衰落。其原因肯定部分是由于妇女比以前更容易获得谋生手段;部分也是由于现在许多妇女已和以前不同,不是出于商业目的而是出于喜爱才愿意与男人发生婚外性关系的。但是,我认为卖淫不可能被完全消除。以水手为例,当他们长期航行靠岸时,不可能指望他们有耐心去追求只是出于感情而来的妇女。大量婚姻不幸福、畏惧妻子的男人也是这种情况。当这些男人离家在外时,就会寻求轻松舒适,而且希望是那种尽可能没有心理义务的形式。然而,人们希望限制卖淫也有其严肃的原因:第一,对社会健康的危险;第二,对妇女

①见艾伯特·朗德斯:《通往布宜诺斯艾利斯之路》,1929年版。

心理的损害;第三,对男子心理的损害。

这三种原因中,对健康的危险最为重要。性病当然主要是通过妓女传播的。从纯医学观点来看,企图采取妓女登记、国家审查的办法对付这个问题看来并不很成功。而且,给警察以拘押妓女的权力,也容易产生令人不快的滥用权力的现象。有时甚至对无意做职业妓女的妇女也采取行动——她们被无心地包括在法律限定的妓女范围里了。当然,如果不把性病看作对罪恶的正当惩罚的话,本来是可以得到有效得多的处理的,诸如事前采取大大降低性病可能性的预防措施。但人们认为,使预防措施的性质广为人知并不可取,因为了解这些情况可能助长罪恶。而且,患了性病的人常常也拖延治疗,因为他们觉得羞耻,人们认为患了这类疾病极不光彩。社会在这方面的态度无疑比以前要好些了,如能进一步改善,就可能使性病大为减少。但是,只要存在卖淫,就存在比其他任何方式更为危险的传播性病的方式,这是显而易见的。

目前还存在的卖淫,显然是一种不可取的生活。就像在铅粉中工作一样,性病的危险本身就使卖淫成了危险的行业,而且吊儿郎当,容易狂喝滥饮。妓女普遍受到鄙弃,甚至连狎客也鄙弃她们。这是一种违反本能的生活——就像修女的生活是违反本能的生活一样。出于这些原因,基督教国家还存在的卖淫业实在是一种极不可取的职业。

日本的情况明显不同。卖淫是一种得到认可并且受到尊重的职业，有的甚至是出于父母的意愿。把卖淫作为挣嫁妆的方法也并不鲜见。根据某些权威的看法，日本人对梅毒有部分免疫力。因此，日本的妓女没有在其他道德更为严厉的地方通常具有的下贱性。要是卖淫一时无法彻底取消的话，最好也以日本的形式而不要以我们所习惯的那种欧洲形式存在下去。不难看出，一个国家的道德标准越严，就越认为妓女生活堕落。

如果卖淫最终会成为习以为常的事，即可能因此对男人产生不好的心理影响。他将养成一种习惯，觉得用不着大费周折便可以性交。要是他尊重通常的道德准则的话，也容易鄙视任何与之性交的妇女。无论他把婚姻与卖淫相等同，还是用相反的方式把婚姻与卖淫尽可能地加以区别，这种心理状态都可能对婚姻产生极为不幸的反作用。有些男人不能产生同自己热爱和尊敬的妇女性交的欲望，弗洛伊德把这种情况归之于恋母情结。但我认为，这在更多的情况下是想在这种妇女与妓女之间划分一条鸿沟。许多男人，尤其是旧式的男人，心理虽然没有发展到如此极端的程度，但他们还是以夸大了的尊敬来看待自己的妻子，使她们在心理上仍像处女般纯洁，无法体验到性的乐趣。相反，当一个男人在想象中把妻子与妓女相等同时，就会产生完全相反的坏结果，使他忘记了性交应该在彼此都希望的时候才能进行,应该经过一个求爱阶段才行,于是他便对妻子粗暴行事,使她心中产生一种很难消除的厌恶感。

经济动机侵入性的问题多少都是灾难性的事。性关系应该是双方欢愉,只能出自双方自发的冲动。要是情况并非如此,那么一切有价值的东西也就不复存在了。以如此亲密的方式利用另一个人,就会缺乏对那个人本身的尊重,而一切真正的道德都必须出自于尊重。对一个敏感的人来说,这种行动不会有任何认真的吸引力。但是,要是一个人纯粹听从身体冲动,凭体力进行这种行动,很可能会引起悔恨;而在悔恨的情绪支配下,人的价值判断力也就被打乱了。当然,这不仅适用于卖淫,对婚姻也几乎完全如此。对妇女来说,婚姻是最普通的谋生方式,妇女所承受的不情愿的性行为的总量发生在婚姻中的可能性大于卖淫。当性关系中的道德不受迷信影响时,这道德主要就是指对对方的尊重,并且不把对方单纯看作个人欲望满足的工具,而不考虑对方的意愿。因为卖淫违反了这一原则,所以即使妓女受到尊重,性病的危险已经消除,也仍然是不可取的。

哈夫洛克·埃利斯在他对卖淫问题进行的有趣的研究中,提出了支持卖淫的论点,但我认为他的论点并不正确。他是从大多数早期文明就已存在的恣意狂欢开始探讨的,这是无政府状态的性冲动的一种宣泄,而这在其他文明时期是必须加以控制的。按他的说法,卖淫是源于那时的恣意狂欢,而且在某种程度上起的作用与当初的恣意狂欢起的作用是同一回事。他说,许多男人发觉,在传统婚姻内的种种约束、礼仪以及理所当然的限制,使他们不能得到完全的满足。于是,他认为,这些男人发觉,偶尔寻花问柳比其他任何能使他们满足的方法都不那么与社会相悖。这种论点虽然更为现代化,但与莱基的论点从根本上并无二致。性生活不受拘束的妇女和男人一样,容易受埃利斯认为的冲动的影响。要是妇女的性生活被解放,男人就不必与以纯金钱利益为目的的职业妓女相厮混,就能使那些冲动得到满足。确实,这是希望从妇女解放中得到的好处之一。就我的观察来看,对性的观点与感觉不受旧禁忌限制的妇女,比维多利亚时代的妇女更能在婚姻中发现并给予对方大得多的满足。什么地方的旧道德衰落,什么地方的卖淫行为也随之衰落。从前不得不偶尔与妓女求欢的年轻男人,这时也就能与同类的姑娘发生关系了。这是双方自由的缘故,心理因素与肉体因素同样重要的缘故,以及双方都拥有相当程度热烈爱情的缘故。从任何真正的道德观来看,这对于旧制度也是一大进步。可是因为它不那么容易隐瞒,所以道德家们为这种关系而感到遗憾。然而,这毕竟不是第一个不该传到道德家的耳朵里的背离了传统的道德原则。我认为,年轻人之间的这种新的自由完全是值得欣喜的,它正在造就一代新人——一代没有残忍之心的男人与并不过分矫揉造作的女人。那些反对这一自由的人应该坦率地面对现实,即他们实际上是在鼓吹继续卖淫的制度,并以此作为对抗不可救药的刻板道德准则压力的安全阀。

第十二章

# 试 婚

合理的道德不能脱离孩子来考虑婚姻。无生育的婚姻容易破裂,因为性关系只有通过孩子才能对社会有重要意义,才值得法律机构注意。当然这并非教会的观点,在圣·保罗的影响之下,那种观点仍然把婚姻当作私通的替代办法而不是生儿育女的手段。但是,近年来,甚至连教士们都已经看到,无论男女,在结婚之前都不是一定没有性交经历的。对男人来说,只要他们的过失是与妓女发生的,而且掩盖得体面,很容易就能得到宽恕。但对女人来说(除职业妓女之外),传统的道德家们都认为,他们所称的不道德是很难容忍的事。但战后,美国、英国、德国、斯堪的纳维亚国家都已发生了巨大的变化。许许多多体面家庭的姑娘都不再认为保持“贞洁”是值得的事了。年轻男子也不用再找妓女以求得发泄,花前月下总是找同类的姑娘——要是再富有一点,还希望能和姑娘喜结良缘。这过程在美国似乎比在英国还发展得更为深入。我以为这是禁酒令和汽车的缘故。禁酒令的原因在于,每个人在任何快乐的晚会上都要喝得微醉微醺,这已经成为礼仪上所必需的事。汽车的原因在于,大量的姑娘已经拥有了自己的汽车,要和情人一起躲开父母和邻居的眼睛成了轻而易举的事。林赛①法官描述了由此产生的状况。老年人指责他夸大其辞,但年轻人却不这么看。作为一个无心的旅客,我不惮其劳,询问年轻人以验证他的说法。我发觉他们并不想做任何否认。全美国的情况似乎都是:许多后来结了婚并有了很高的地位的姑娘,常常和几个情人有过性的体验。而且,即使没有完美的关系,也少不了"卿卿我我"。若没有圆满的性交,就只能被看作反常状态。

倒不是说我认为目前这种状态就是令人满意的。传统的道德家们给这种状态强加了一些令人不快的特点。如果传统的道德不改变,我看不出这些特点会怎样消失。事实上,非法的性关系可能和私酒一样的低劣。我以为谁都不会否认,在富有的美国,现在的年轻男人中的醉鬼比通过禁酒令之前多得多,年轻女人中的醉鬼也比以前更多了。在避开法律的方面,当然少不了有些趣事,有些人自以为聪明而引以为荣,在避开酗酒法的同时避开性习俗,也就是自然

①见林赛:《现代青年的反抗》,1925;《试婚》,1927。

而然的事了。在这种情况下,大胆就好像是一剂春药。结果,年轻人之间对性关系就容易采取最为愚蠢的形式,不是出自情爱而是出自虚张声势,有时甚至是由于醉酒。和烈酒一样,性也常常不得不采取强烈的、非常令人不快的形式,因为只有这些形式才能避开当局的戒备。我认为,美国的婚外性关系常常都不具有尊严、理性、全心全意和与人格完全配合这些特点。在这方面,道德家们一直是成功的。他们没能阻止私通;相反,要说有什么区别的话,那就是他们的反对使私通更有趣、更普遍了。但是,他们说私通并不可取,这方面却可以说是成功的——就像他们大力宣传说人们喝的酒都是毒酒而取得了成功一样。他们迫使年轻人将性关系变得简洁单纯,而与每天的相伴、共同的工作、一切心理上的亲密相分离开来。更胆怯的年轻人不能达到圆满的性关系,只能使自己满足于产生长期的性兴奋状态,而不能得到性的满足。这种状态使人神经衰弱,在将来也难以获得甚至不可能获得充分的性享受。美国青年中这种普遍的性兴奋状态的另一个弊病,是无法干好工作或者无法睡眠,因为晚会往往持续到翌日凌晨。

只要官方道德标准仍然不变,就仍然存在另一个更为严重的问题:偶尔发生灾难的危险。如果运气不好,某些年轻人的行为可能传到道德护卫者的耳朵里,他们会出于良知而把年轻人的丑闻闹到施虐狂的地步,因为美国青年几乎不可能获得正确节育的知识,所以意外怀孕并不鲜见。处理怀孕的普遍方法是流产,这样做既危险、痛苦又不合法,而且想保密也极为困难。当前美国普遍存在的青年与老年人之间的道德鸿沟还有另一个不幸的结果,即父母与孩子之间不可能有真正的亲密感或真正的友谊,父母不能以忠告或同情帮助自己的孩子。当年轻人遇到困难时,要告诉父母就会引起爆炸性的结果——可能成为丑事,当然这是歇斯底里的大震动。因此,当孩子进入青春期之后,父母与孩子之间的关系就不能再起任何正向的作用了。特罗布里恩德群岛的人要开化得多,那里的父亲会对女儿的情人说:"你和我的孩子睡觉吧。很好,和她结婚吧。"①

尽管有这么些弊病,但美国青年和他们的长辈们相比较,在解放的路上仍然有了重大的进展——虽然还是不完全的进展。他们更为自由了,不再那么古板,那么受约束,那么受缺乏理性基础的权威的奴役了。我还认为,他们可能也不像长辈们那么冷酷、残忍,那么粗暴了,因为人们无法在性问题上得到发泄而产生出无政府主义的暴力冲动一直是美国生活的特点。当现在的青年一代到中年时,也许可以希望他们不会完全忘记自己年轻时的行为,并能够容忍目前因为需要保密而很少可能发生的性实验行为。

---

①《野蛮人的性生活》,第 73 页。

虽然英国没有禁酒令，也没有那么多汽车，情况没有发展到美国那种程度，但多少也和美国相似。我认为，英国和欧洲大陆当然也一样，没有最终满足的性兴奋的实践要少得多。英国的贵人们，除了一些体面的例外，整个看来都不像美国的贵人们那样充满迫害狂热。不过，两个国家的区别也仅仅是程度不同而已。

林赛法官在丹佛负责少年法庭多年，身处那样的位置，他有着极好的机会了解事实真相。林赛提出了他称之为“试婚”①的新制度，但不幸的是，他却丢了官职。当人们得知他不是用这种制度去加强青年的罪恶感，而是想使他们更幸福时，三K党和天主教便联合起来驱逐了他。试婚是一个聪明的保守派的提议，是一种想在青年人的性关系中引进某些稳定因素以取代目前的男女乱交行为的企图。他指出了一个明白的事实，即青年无法结婚的原因是缺钱。婚姻需要钱，部分原因是基于对孩子的考虑，部分原因也是在于要供养妻子。他的观点是，年轻人应该开始一种新的婚姻。这种婚姻有3个特点不同于普遍的婚姻：第一，暂时不应该有要子女的打算，因此，应该让年轻夫妇充分了解节育知识；第二，只要没有孩子，妻子也不怀孕，就可能在双方

①原文 Companionate Marriage，意为伙伴式的婚姻，常译为试婚或同居。——校注

同意的基础上离婚;第三,离婚之后,妻子不应该享有离婚赡养费的权利。我认为他的看法是正确的,即如果法律批准这种制度,大量的年轻人(如大学生)就能开始比较持久的同居关系,这样将没有目前性关系中的疯狂特征。他举出例子证明已婚的年轻学生学习情况比未结婚的好。确实可以明显看出,与草率凑合的、沉迷于晚会兴奋和醉后狂欢的性关系相比,半永久性的性关系与工作更容易融合在一起。世界上并没有这样的情况:两个年轻人在一起生活居然比分居生活更昂贵。所以,当前导致婚姻推迟的经济原因不应该再起作用了。我对林赛法官的提议毫不怀疑,他的提议要是用法律体现出来,一定会产生非常有益的影响,大家都会赞同。从道德观点来看,这种影响也是一种获益。

然而,林赛的提议却引起全美国很多中年人和大多数报纸一片恐怖的嚎叫——说他是在向家庭的圣洁性发起攻击;说他容忍有意识地不马上生儿育女的婚姻就是打开了将欲望合法化的闸门;说他夸大了婚外性关系的普遍性,是在污蔑纯洁的美国女性。除此之外,他们还说大多数企业家直到30岁或者35岁都还在愉快地实行节欲。这些问题人们都说了,我也认为说这番话的人中有些人是相信的。我听了许多对林赛法官的抨击,得到的印象是,人们认为起决定作用的论点有两个:第一是上帝不可能会批准林赛的提议,第二是当今杰出的牧师们也不会赞同。看来人们认为第二个论点更重要，事实也是这样，因为第一个论点纯属假设，不可能被证实。我从来没听说过有任何人提出任何论点证明林赛的提议会降低人类的幸福，甚至连假装的证明都没有听说过。确实，我只好得出结论，那些坚持传统道德的人认为这种考虑完全无关紧要。

就我来说，在我完全相信试婚将成为向正确的方向迈出的一步，将会起很大的好作用的同时，仍认为试婚迈的步子还不够大。我认为，应该把不涉及孩子的一切性关系看作纯粹的私人事务。如果一个男人和一个女人选择不要孩子而共同生活，那应当是他们自己的事，与别人毫不相干。我并不认为应该赞许男人或女人在没有性经验的情况下开始意在生儿育女的严肃婚姻。大量证据表明，首次性经验应该与以前有性知识的人发生。人类的性行为并非本能，而且很明显，自从性行为不再从背后进行时起就不再是本能行为了。除了这一论点之外，想要和从前对性和谐一无所知的人产生终身关系，看来是荒唐可笑的事。这就和一个人想买房子，但在把房子买下之前又不准他去看上一眼一样荒唐可笑。如果婚姻的生物功能得到充分承认的话，那么应该说在妻子第一次怀孕时，婚姻才该有法律约束力，这才是婚姻的恰当过程。目前，如果不可能性交，婚姻也就没有意义了。但是，婚姻的真正目的是孩子而不是性交，因此如果没有希望得到孩子，也就不能认为婚姻是圆满的。

至少,这种看法部分地要取决于生育与避孕药造成的纯粹性行为之间的分离。避孕药已经改变了性与婚姻的整个形势,从而使以前被忽视的差别现在能够加以必要的区分。人们可以仅仅因为性而走到一起,或者像林赛法官所提出的试婚制度那样,为包括性因素在内的伴侣关系走到一起,最后,也可以为建立家庭这一目的而走到一起。这些情况均各不相同,没有哪一种道德足以应付不分青红皂白把这些情况混在一起的现代环境。

第十三章

# 当今的家庭

现在,读者可能已经忘记我们在第二章和第三章讨论的母系家庭与家长制家庭,以及它们对原始的性道德观念的意义。现在应该重新来考虑家庭问题,因为家庭提供了对性自由进行限制的唯一的理性基础。我们已经讲完了性与罪恶之间的插话,性与罪恶的联系虽然不是早期基督教徒的发明,但被他们做了最大限度的利用,并且现在还体现在我们大多数人自发的道德判断之中。性本身就有些邪恶的东西,必须将婚姻与养育后代的愿望结合起来才能消除——对于这种神学观点,我这里将不做进一步的探讨。现在,我们考虑的问题是为了孩子的利益所要求的性关系的稳定程度,就是说,我们必须把家庭当作稳定的婚姻的一个理由。这远远不是一个简单的问题。显而易见,孩子作为家庭成员所得到的利益要取决于有什么样的替代性选择,如可能有一些非常值得赞赏的收养弃儿的机构,以至孩子们宁可选择这种机构而不选择大多数家庭。我们还必须考虑父亲在家庭生活中是否发挥了任何根本的作用,因为只是为了父亲的利益,妇女的贞操才被认为对家庭是至关重要的事。我们不得不检查家庭对儿童个体心理的影响——弗洛伊德是以几分凶狠的精神来对待这个问题的。我们必须考虑经济制度对提高或降低父亲重要性的作用。我们必须扪心自问,是否希望看到国家取代父亲的地位,或者甚至可能像柏拉图提出的那样取代父亲和母亲的地位。甚至,假设我们决定赞同父母在正常情况下能为孩子提供最佳的环境,我们也还必须考虑多种情形,其中总有这种或那种情形不适合父母履行其责任,或者父母两人很不相容,为了孩子的利益应该分居。

在那些根据神学理由而反对性爱自由的人中,他们常常以离婚不符合孩子利益的论点来反对离婚。但是,这些坚持神学思想的人在使用这一论点时并非出自真心实意,这点从一个事实就可以看出:这些人不能容忍离婚或避孕,即使在父亲或母亲患有梅毒因而孩子也可能受害的时候也是如此。这种例子表明:那种为小孩子们的利益而发出的唏嘘呼吁一旦被推向极端,就只是一种残忍的借口罢了。婚姻与孩子利益相结合的整个问题需要不带偏见地加以考虑,并且要认识到答案从一开始就不是明白的。对这一点,值得扼要地重述几句。

家庭是人类存在之前就有的一种组织结构。其生物学上的理由是,父亲在孕期与哺乳期间的帮助有利于幼小一代的生存。但是,就像我们在特罗布里恩德群岛岛民中看到的情况,以及完全可以从类人猿的情形中进行的推论一样,原始环境中的这种帮助,其理由与文明社会中促使父亲给予帮助的理由完全不同。原始时代的父亲并不知道孩子与他本人有任何生物上的联系,但他知道孩子是他所爱的女性的后代这一事实,因为他看见孩子出生。基于这一事实他与孩子之间产生了本能联系。在这个阶段,他并不知道保护妻子贞操的生物学上的重要性,虽然妻子的不忠一旦被他发现肯定也会使他感到妒忌。在这一阶段,他也没有孩子就是财产的意识。孩子是妻子和妻子的兄弟的财产,而他和孩子之间仅仅是一种感情关系。

但是,随着智力的发展,人或迟或早必定会吃到智慧之树的果实①,明白孩子原来生发于他自己的种子。因此,他必须保证妻子的贞洁,妻子和孩子于是成了他的财产,而且,在经济发展到一定程度时,他们还能成为十分宝贵的财产。他把宗教带给妻子,使妻子、孩子对他有了责任感。这对孩子来说尤为重要,因为当孩子年幼时,他虽然比孩子强

①指《圣经》中所说的伊甸园中的智慧之树,亚当和夏娃违背上帝禁令而食其果后,就知道了性的奥秘。——中译注

壮，但当他老迈龙钟时，孩子们却正当盛年——这时孩子的尊敬对他的幸福来说极为关键。圣诫对这个问题的措辞很带欺骗性，戒律这样说：“尊敬你的父亲和你的母亲，那么他们将在世界上长寿。”我们发现，在早期文明中人们对弑父母怀有巨大的恐怖，这表明需要克服的弑父母的引诱是多么大，因为任何我们不能想象自己会犯的罪是不会激发起我们的真正恐怖的，如同类相食。

早期畜牧社会与农业社会的经济条件使家庭完全建立起来了。对大多数人来说，奴隶劳动是不可能的事，因此，获得劳动力最容易的办法就是养育劳动力。为了保证他们能为自己的父亲劳动，就必须使家庭制度得到宗教与道德的全力保护。逐渐地，长子继承制把家庭统一扩展到了旁系，从而加强了家长的权力。王权与贵族统治本质上依靠的就是这种思想，甚至神性也是这样，因为宙斯①就是众神与众人之父。

到了这时，文明的发展已经增强了家庭的力量。然而从这点再向前发展，就发生了相反的运动，直至西方的家庭成了以前家庭的影子。家庭衰落部分是由于经济，部分是由于文化。在家庭发展的极盛时期，家庭对于城市居民和航海者来说，从来都不是非常适合的。除了我们的时代之

---

①宙斯为古希腊之主神。——中译注

外,商业在一切时代都是文化发展的主要原因,因为商业把人带入了与自己的风俗不同的风俗关系,因此把他们从部落偏见中解放了出来。与这种情况一样,我们发现航海的希腊人之间,家庭的束缚就比与他们同时代的人少得多。在威尼斯、荷兰和伊丽莎白时代的英国都能找到海洋起解放性作用的例子。但是这已经离题了。唯一使我们关切的问题是,当一个家庭成员远航在外而其余成员又留在家里时,他必定会从家庭的控制下解放出来,家庭的作用便相应地被削弱了。农村人口流入城镇是不同时期的文明发展的特点,也和海运商业一样对削弱家庭的作用有着相同的影响。另一种制度与社会底层有关的影响也许更为重要,那就是奴隶制。主人根本不尊重奴隶的家庭关系。只要主人愿意,任何时候他都可以使奴隶中的任何一对夫妻分离;如果主人对任何一个女奴隶感兴趣,他就可以与之性交。确实,这些影响并没有削弱贵族家庭,因为贵族出于对特权的欲望而牢牢地维系着家庭;同样也没有在蒙太古与凯普莱特①的家族纷争中取得成功,这种纷争正是古代城市生活和中世纪后期及文艺复兴时期意大利城市生活的特点。但是,在罗马帝国第一世纪期间,贵族政治失去了其重要性,

①蒙太古与凯普莱特是莎士比亚戏剧《罗密欧与朱丽叶》中两个相互仇杀的家族之家长,罗密欧与朱丽叶分别是其儿子和女儿,最后都成为两家仇杀的牺牲品。——校注

而最终取得征服者地位的基督教在开始的时候却是奴隶和无产者的宗教。家庭的作用在那些社会阶级中较早被削弱，无疑说明早期基督教对那些家庭有着某种敌意。基督教制定了一种道德，使家庭在这种道德中的地位大大不如以前的除佛教之外的任何道德。在基督教道德中，重要的是灵魂与上帝的关系，而不是人与同胞的关系。

然而，佛教的情形警告我们要适当地重视宗教的纯经济原因。我不完全了解佛教在印度发展到能把经济原因归于它对个人灵魂的重视时到底是什么情况，但我相当怀疑是否存在过这些原因。佛教在印度的整个兴盛时期似乎一直都主要是王子们的宗教。可以认为，与家庭相联系的思想对他们的控制力比对其他任何阶级都要强。但是，当人们对现实世界的蔑视和对灵魂拯救的寻求变得普遍后，家庭在佛教道德中也逐渐只占非常次要的位置了。伟大的宗教领袖——只有穆罕默德以及孔丘（如果孔丘可以被叫作宗教领袖的话）例外——对社会与政治的考虑显得很冷漠，而宁可通过冥思、戒律与自我克制来求得灵魂的完美。历史时代中产生的宗教和有史以来就已经存在的宗教相反，总的看来是个人主义的，倾向于认为人能在孤独中尽到自己的全部责任。当然，他们坚持认为，如果一个人有社会关系，他也必须履行公认的责任，就像这些责任属于其社会关系一样。但是，他们通常并不认为社会关系的构成本身是一种责任。基督教尤其如此，它对家庭一直怀着一种矛盾态度。“谁爱父母更甚于爱我，便不值得我爱。”①我们在福音书中看到这样的句子。实际上这句话的意义是，一个人应该干他认为正确的事，即使他的父母认为是错误的事——这种观点是古罗马人或旧式的中国人所不能赞同的。基督教中个人主义潜移默化的影响发生作用的过程很慢，然而却在逐渐地削弱各种社会关系，特别是那些最为认真的人之间的关系。这种影响在新教教义中比在天主教教义中更为引人注目，因为新教教义要求我们服从上帝而不应该服从这一原则，明显包含有无政府主义因素。实际上，服从上帝就是指服从人的良心，而人的良心可能各有不同。所以，在良心与法律之间肯定会时有冲突。在冲突中，真正的基督徒一定会尊敬那种遵从自己良心而不是遵从法律规则②的人。在早期文明中，父亲即上帝；而基督教义中，上帝即父亲。结果，人间父母的权威便被削弱了。

家庭在近代衰落的主要原因无疑是工业革命。但在工业革命之前，家庭就已开始衰落，而且这种衰落受到个人主义理论的影响。年轻人要求有权按自己的意愿而不是遵父

---

①“He that loveth father or mother more than me is not worthy of me.”（马太福音第 10 章 37）——校注

②我们可以举休·塞西尔勋爵战争期间对正直的反对者的宽大态度为例子来说明。

母之命结婚。已婚儿子在父亲家中生活的习俗逐渐消失，儿子的教育一结束便离家谋生，这已成了习惯。在过去，只要小孩能够在工厂工作，那么在他们累死之前都仍然是父母的生计来源。但是，工厂法结束了这种剥削形式，尽管靠此为生的人对工厂法提出了抗议。这样，孩子就从谋生手段开始成为经济负担。这时，避孕药为人所知了，出生率开始下降。有种看法认为，历代人们所生的孩子，不多不少正是他应该生的那么多。对此看法，可以探讨的问题很多。但无论如何，对澳大利亚土著人、兰开夏郡①的棉花工人和英国的贵族来说情况似乎是真的。我不敢妄断这种看法有着理论的准确性，但是，它离人们可能想象的实际情况也相去不远。

现代社会中，由于国家的作用，家庭在其最后据点的地位也被削弱了。在其全盛时期，家庭是一名年老的家长，许多成年的儿子，以及他们的妻子和孩子——也许还有孩子的孩子——都在一个家庭里生活。他们像在一个经济单位里那样彼此合作；或者俨然像现代军事国家的公民一样，联合起来对付外部世界。可现在，家庭人员已减少到只有父亲、母亲与年幼的孩子。而且根据国家法令，即使年幼的孩子，大部分时间也在学校度过。他们在学校学习国家认为

①兰开夏郡为英国西北部一郡名，以产棉出名。——中译注

对他们有利的东西,而不是学习父母希望他们学习的东西(在这个问题上,宗教是个部分的例外)。英国的父亲已经远远不可能再像古罗马的父亲那样,对自己的孩子拥有生杀予夺的权力。而且,如果他采取100年前大多数父亲认为在道德教育方面所必须采取的办法来对待孩子的话,还会因其残忍行径而受到起诉。国家提供了医疗服务和牙科医疗,如果父母贫困,国家还要抚养孩子。所以,父亲的责任和义务便被降到了最低程度,因为父亲的大部分职责都由国家接替过去了。随着文明的进展,这是不可避免的事。在原始状态,由于处于鸟类、类人猿之中,为了经济原因,也为了保护小的一代及其母亲不受伤害,父亲是不可缺少的。很早之前,国家就接过了保护儿童及母亲的职责。父亲去世了的孩子不会比父亲尚健在的孩子更可能遭到杀害。在有钱阶级中,要是父亲死了,其经济作用比他活着时更能得到充分的发挥,因为他可以把钱留给孩子而不必把维持自己生活的那部分用完。在那些以挣工资为生的人中,父亲在经济上仍然有用。但是就挣工资维持生活的人来说,由于社会的人道主义感情,父亲的这种作用正在继续缩小。这种感情坚持认为,即使没有父亲为孩子提供经济支持,孩子仍然应该得到一定的、最低程度的关心。目前,在中产阶级中,父亲仍然起着最为重要的作用——因为只要父亲还活着,有很可观的收入,就能给孩子许多好处,例如付出昂贵的费用让孩子受到良好的教育,使他们将来能保持自己的社会与经济地位。要是孩子尚小的时候父亲就死了,孩子就很可能在社会阶级中沉沦,但是,这种危险状况由于实行人寿保险而大大降低了。通过人寿保险的手段,即使在职业阶级中,精明的父亲也可以通过做很多事情来减少自己的作用。

现代社会里,绝大多数父亲工作都过于紧张,不可能有多少时间与孩子在一起。早上他们忙于上班,没有时间与孩子交谈;晚上回家时孩子已经(也应该)睡觉了。听孩子们说,他们只知道自己的父亲是“周末回家的人”。父亲很少参加照料孩子的严肃事务,事实上,这项责任由母亲与教育部门承担起来了。虽然父亲能与孩子在一起的时间很少,但他们常常对自己的孩子有很强烈的感情,这是千真万确的。无论是哪个星期天,在伦敦的任何一个较贫困的居民区都能看见许多带小孩的父亲。他们显然是在欢度这短暂的、了解孩子的时刻。无论从父亲的角度怎么来看这件事,但从孩子的角度看,这只是一种玩耍关系,并不是很重要。

上层阶级和职业阶级的习惯是,当孩子还很小时就被送去上幼儿园,然后再上寄宿学校。母亲选择保育员,父亲选择学校。他们认为这样一来,便可以完全保持自己对子女的权威感。尽管这一点劳动阶级无法办到,但是,就亲密关系来说，富有阶级中的母子关系一般都不如靠工资为生的人。在假日里，富有阶级的父亲和孩子虽然有着玩耍关系，但在对孩子的实际教育中的作用却不如劳动阶级的父亲。当然，他们负有经济责任和送孩子去哪儿受教育的决定权，但和孩子的个人接触通常都不是很重要的。

孩子进入青春期后，很容易和父母发生冲突，因为孩子这时已认为自己完全能处理自己的事务了；而父母却是焦虑重重，其表现形式常常是权力之爱。父母通常认为青春期出现的道德问题属于他们特别关心的范围，但是他们的看法却是如此的教条主义，以至很少能得到年轻人的信任。所以年轻人常常暗中自行其是，而大多数父母在这个时期不能说有很大的用处。

迄今，我们考虑的只是现代家庭的弱点，现在必须考虑它的优点了。目前，家庭的重要性在于它能给父母以情感。这种原因比其他任何原因都重要。在男人和女人中，父母情感最重要的作用可能在于其影响行为的力量。一般说来，有了孩子的男人和女人都会因为孩子大大地调整自己的生活，孩子完全会使普通人在某些方面采取无私的行动，其中人寿保险可能是最肯定、最明确的行动。教科书上从来没有一起提到过 100 年前的经济人和孩子，虽然在经济学家的想象中那些人肯定有孩子。只是他们相信，自己假设的那种普遍竞争在父亲与儿子之间并不存在而已。显而易见，人寿保险的心理完全不在古典政治经济学研究的动机范围之内。但是，由于财产欲与父母感情有紧密联系，因此，古典政治经济学在心理上并不是独立存在的。里弗斯甚至提出，所有私人财产都源出于家庭感情。他提到，某些鸟类除了孵卵季节在地里藏有私产外，其他季节均不这样做。我想，大多数人都能证实，他们在有了孩子的时候比没有孩子的时候对财产的渴求要强烈得多。通俗地讲，这种作用叫本能，就是说，它是产生于无意识的自发的作用。我认为，家庭在这方面一直对人类的经济发展有着不可估量的重要意义；而对那些财运亨通的人来说，这仍然是主要的因素。

对这一点，父亲与儿子之间容易产生一种奇特的误解。忙于事务的父亲会对懒散的儿子说，他一生辛劳都是为孩子的利益卖命。相反，儿子现在却宁可只要一张小小的支票和一点点慈爱，而不愿在父亲去世的时候得到一笔财产。另外，儿子还注意到，父亲到城里去完全是出于习惯，根本不是出自父亲的感情。因此儿子便确信父亲是个骗子，就像父亲确信他的儿子是个浪荡子一样。然而，儿子并不公正，他看到的是中年的父亲，所有的习惯已经形成了；他没有意识到使父亲养成这些习惯的模糊而无意识的力量。也许父亲年轻时受过穷，当他的第一个孩子降生时，他的本能曾使他发过誓，不能让自己的孩子也受他受过的苦。这样的决心至关紧要，因而不必在意识中加以重复。因为没有这种重复的需要，这种决心便支配着以后的行为了。这是使家庭仍然成为一种强大力量的方法。

从小孩子的观点来看，父母的重要之处在于，孩子能从父母身上得到一种除了给他的兄弟姐妹之外不会再给其他任何人的感情。这种感情有好的成分，也有不好的成分。关于家庭对孩子的心理影响，我将在下一章探讨。现在我只想说，这对孩子的性格形成是一个重要的因素。可以预料，不在父母身边长大的孩子，无论怎样，和正常孩子都可能有很大的差别。

在贵族社会或者在任何允许个人显赫的社会里，家庭如果和某些重要人物有关的话，就是与历史延续有联系的标志。通过考察资料似乎能发现，姓达尔文的人在科学事业上就比他们在婴儿期假如改姓斯努克干得好。我想，如果姓是通过女性而不是男性传给后代的话，这种影响肯定完全和现在一样强大。对于这种情况，要分别把遗传和环境因素按比例分配是完全不可能的。但是我相信，家庭传统在高尔顿①及其门徒称之为遗传的现象中起了很大的作用。人们可以用家庭传统的影响作为例子，说明据说是使

①高尔顿(1822~1911)：英国人类学家。——中译注

塞缪尔·巴特勒发明无意识记忆学说和鼓吹新拉马克[1]遗传理论的理由。这种理由认为,作为家庭原因,他觉得不能同意查尔斯·达尔文的观点。他的祖父(似乎)曾和达尔文的祖父争吵过,他的父亲也和达尔文的父亲争吵过,所以,他也必须和达尔文争吵。因此,由于达尔文和巴特勒都有脾气暴躁的祖父,萧伯纳的《马修撒拉》才得以产生。

也许,在现在使用避孕药的时代,家庭最重要的作用是保存了生孩子的习惯。要是一个人不想把孩子当成财产,不想有与孩子建立亲爱关系的机会,那他将认为生孩子没什么意义。当然,要是我们的经济制度有所改变,只有母亲组成的家庭也将可能出现。但目前我不打算探讨这样的家庭,因为这种家庭没有性道德的动机,目前我们关切的是家庭作为稳定婚姻的原因。除了在富人中间(假如富人不被社会主义消灭的话),父亲有可能——我认为非常有可能——很快从家庭中被完全排除出去。

那样的话,妇女就将和国家而不是和个别的父亲共有孩子了。她们想要多少孩子就可以要多少,父亲完全不能承担责任。确实,如果母亲全都乱交的话,父亲的身份也就无法确定了。如果出现这种情况,就会使男人的心理和活动发生深刻的变化,我相信,这种变化将比大多数人想象的

①拉马克(1744~1829):法国博物学家。——中译注

要深刻得多。我不敢贸然地说这对男人的影响是好是坏，但它将把男人生活中唯一与性爱同样重要的感情消灭掉，使性爱本身更加无足轻重。这将使人极难对自己死亡之后的任何事情感兴趣，以至不那么活跃；也可能使他提前退休，降低他们对历史的兴趣和继续历史传统的观念。同时它还将消除文明人可能有的暴烈情感，即保护妻儿不受其他人攻击时感到的暴怒。我认为这还会使人不那么喜欢战争，可能也不那么贪求。要想在好坏影响之间做出明确的结论，简直不可能。然而，将会产生深远的影响是显而易见的事。所以，家长制家庭仍然重要，虽然它还能存在多久令人怀疑。

第十四章

# 个体心理与家庭

在本章中,我想考虑家庭关系如何影响个人性格的问题。这个问题包括三个方面:对孩子的影响、对母亲的影响,以及对父亲的影响。当然,要把这三方面的影响分开是很困难的,因为家庭是个联系紧密的单位。任何影响父母的东西,也会影响他们对孩子的影响。然而,我还是想分别讨论这三方面的影响。自然我要从孩子开始,因为任何人在成为父母之前在家庭中都是孩子。

如果我们相信弗洛伊德的观点,那么也就相信小孩对其他家庭成员的感情有着某种极端性。男孩子恨父亲,认为父亲是个性竞争者;传统道德则认为他对母亲的感情是最邪恶的。他恨自己的兄弟姊妹,因为他们吸引了父母的部分注意力,而他则希望能得到父母的专宠。后来,这些骚动感情的影响十分复杂多样,令人惊骇,从同性恋到狂躁症都可能发生。

弗洛伊德这一学说并没有引起人们可能想象的那种恐怖，虽然信奉弗洛伊德学说的教授们被解职，虽然英国警察把遵从这一学说的当时的优秀人物之一①驱逐出境。但是，正是由于基督教禁欲主义的影响，人们对弗洛伊德在性问题上的观点比他对小孩子的仇恨的描述更为震惊。不过，我们对弗洛伊德关于儿童感情的看法的真实性，必须尽力不带偏见地拿定自己的主意。首先我要承认，近年来对儿童问题的大量感受，已经使我得出了这样的看法：弗洛伊德理论的真实性比我以前想象的要强得多。然而我仍然认为，他的理论只表明了事实的一个方面。而且，父母方面只要略有判断力，都容易认为这个方面根本不重要。

我们先来看看恋母情结。婴儿的性欲无疑比弗洛伊德之前的人想象的更强烈。我认为，童年早期的异性爱甚至要比人们从弗洛伊德著作中了解的更强。愚蠢的母亲完全无意识地把幼小儿子的异性爱集中到自己身上，这并不困难。要是出现这种情况，很可能发生弗洛伊德所指出的恶劣结果。但是，要是母亲的性生活幸福，发生这种情况的可能性就要小得多。因为在那种情况下，她就不会在自己的孩子身上寻求本应该从成人身上寻求的感情满足。纯粹的父母感情冲动是一种照料幼小子女的冲动，而不是想从他

---

①指霍尔默·莱恩。

们身上求得钟爱之情。如果一个女人的性生活幸福，她就会自发地放弃一切从自己孩子身上获得不正当感情反应的要求。基于这一原因，幸福的妇女可能比不幸的妇女更能成为一个好母亲，然而没有哪个妇女能一直都幸福满足。因此，在不幸福的时候就需要一定的自我控制，避免向孩子提出过分的要求。要做到这种程度的自我控制并不很难，但以前人们并没有意识到它的必要性，以为母亲对孩子滥施抚爱是完全正当的行为，而幼儿的异性恋情感可以通过别的孩子找到自然、健康、天真无邪的发泄。这种形式也是玩耍的一部分，是为成年活动所作的准备。孩子三四岁之后，由于感情的发展，他或她便需要与别的男女孩子们交往了。交往的对象不仅包括年龄比他们大或比他们小的兄弟姊妹，而且也包括和他们同龄的其他孩子。现代纯粹的小家庭对孩子早期的健康发展而言太乏味，太狭窄。但也并不是说，作为儿童成长环境的一个组成部分，这样的小家庭就不被需要了。

容易激起小孩子们不良感情的还不仅仅是母亲，女佣人、保育员，以及学校的老师也同样有这种危险，甚至更为危险，因为一般说来，他们的性饥饿更为严重。教育当局的看法认为，必须和小家伙们打交道的人，应该以不幸的老处女为宜。这种观点暴露了心理上十足的无知，任何缜密观察过小孩子情感发展过程的人，都不能接受这种意见。

兄弟姊妹的妒忌在家庭中也是很常见的事，它有时还会成为后来出现杀人狂和不怎么严重的神经错乱的原因。除了疯狂状态，要防止这种情况根本不是难事，只要父母和那些管理孩子的人对自己的行为稍加控制就行了。当然，绝不应该有偏袒之心，对于玩具、高兴的事情，对孩子的关心等，都必须遵循十分公平的原则。当弟弟妹妹降生时，必须努力防止大一点的孩子产生这样的想法：认为自己在父母心目中已经没有以前重要了。我认为，无论何处发生严重的妒忌，其缘由一般都是人们漠视了这些简单的教训。

所以，如果要使家庭生活对孩子产生好的心理影响，就必须满足一定的条件。要是可能的话，父母双方，尤其是母亲的性生活必须愉快。父母双方都必须避免和孩子产生那种会在幼年产生不良反应的感情关系。在兄弟姊妹之间绝对不能有偏爱，必须完全公平地对待所有的孩子。孩子到了三四岁之后，家庭不应该是他们的唯一环境，他们的大量时间应该在他们的同龄人中度过。假如有了这些条件，我认为弗洛伊德所担心的不良影响就不大可能发生了。

另一方面，如果父母的感情正常，无疑也会促进孩子的发展。如果母亲对孩子缺乏温情，孩子就容易长得瘦弱、神经质，变成偷窃狂的例子也并非少见。父母的疼爱能使儿童在这个危险的世界里生活时有种安全感，也给了他们体验环境和探索环境的胆量。很有必要让孩子在精神上感到自己是受钟爱的对象，因为孩子在本能上意识到自己弱小无力，意识到只有父母的爱才能给予自己需要的保护。如果要使孩子愉快幸福地、心胸开朗地、无所畏惧地成长，就需要其生长环境有一定的温暖，而这种温暖除了通过父母之爱是很难得到的。此外，明智的父母还能给孩子另一种帮助，然而直到近代，父母们还几乎没有这么做，即他们能够用最好的方式向孩子介绍性与父母身份的知识。如果孩子了解了性是自己父母之间的一种关系，他们自己就是因为这种关系而出生的，那他们就以最佳形式了解了性，以及与性有关的生物性目的。以前孩子们总是从下流玩笑和人们认为不正当的那种乐趣中最先听说性的。这样从偷偷摸摸的猥亵交谈中初次了解的知识，总会留下不可磨灭的印象。因而，他们从此不可能对与性有关的任何问题抱正当的态度。

要断定家庭生活总的来说究竟是好还是不好，我们当然必须考虑唯一可行的选择方法是什么。方法似乎有两种：第一，女家长制的家庭；第二，像孤儿院那样的公共机构。要使这两种方法中的任何一种成为制度，将需要重大的经济变革。我们可以假定已经采取了这两种办法，再来考虑对儿童心理的影响。

首先来看女家长制家庭。人们猜想，这种情况下孩子将只知道母亲，女人觉得需要孩子的时候就可以生一个，不必指望父亲对生孩子有特别的兴趣，也不必为几个孩子选择同一个父亲。假如经济安排很满意，这样的制度会使孩子吃很大的苦吗？父亲对孩子实际上有什么心理作用？我认为，最重要的作用可能在于上面提到的，即把性与婚后之爱和生儿育女结合起来。另外，在婴儿期之后，孩子如果能在与既有男人又有女人的接触中成长，这对他的人生观的形成有非常明确的好处。尤其对男孩子来说，这一点对智力颇为重要。同时，我也看不出这种好处很深刻。就我所知，平均来看，婴儿期父亲就去世了的孩子并不比别的孩子差。无疑，有一位理想的父亲比没有父亲好。但是，许多父亲远非理想，所以没有父亲对孩子来说可能也是实际的好处。

刚才所谈的全靠假设有一个和目前完全不同的习俗。在有习俗存在的地方，儿童会因习俗的被破坏而受苦，因为对儿童来说，没有什么比处于古怪的状况更为痛苦不堪的了。这种原因也适用于当前社会上的离婚。已习惯于父母双亲并且依恋于父母的孩子，会觉得父母的离婚毁掉了他的整个安全感。在这种状况下，他确实可能产生恐怖症和其他神经症。只要孩子已变得依恋于父母了，那么父母分居就要承担非常严重的责任。所以，我认为：对孩子来说，父亲没有地位的社会总比一个虽然认为离婚是例外事件然而离婚却频频发生的社会好。

对于柏拉图所说的让孩子和母亲、父亲分离的建议，我认为没有什么可多说的，因为上面已经提到了——我认为父母的慈爱对孩子的发展至关重要。只得到父母一方的慈爱可能对孩子的发展已经足够了，但是，如果不能得到任何一方的慈爱，肯定是十分不幸的。从我们首先关切的性道德的观点来看，重要的问题是父亲的作用。对于这个问题，要作出任何肯定都非常困难，然而似乎又可以得出这样的结论：在幸运的情况下，父亲有着一定的有限的用处；如果不幸运的话，父亲专横暴躁、好争吵的性情所起的坏作用很可能比好作用多得多。因此，从儿童心理学的观点来看，父亲的作用不是非常强大。

在目前这种状况下，家庭在母亲心理方面的重要性很难估计。我认为，一般来说，妇女在怀孕和哺乳期间有一定的本能倾向，想得到男人的保护，这无疑是从类人猿继承下来的一种感情。在我们目前这个相当无情的世界上，一个不得不抛弃这种保护的女人可能容易变得过于好斗和一意孤行。但是，这些感情只是部分属于本能。如果国家给怀孕和哺乳的母亲，以及幼小的孩子们以充分的照料，这些感情将大大被削弱，在某些情况下还将完全被消除。我认为，取消父亲在家庭中的地位，对妇女造成的主要损害可能是降低了她们与男性的亲密感与严肃性。人类被如此造就出来，是因为男女两性要彼此学习的东西很多，而仅仅有性关系,即使是热烈的性关系,都不足以构成学习的内容。在抚养孩子这样严肃的事情上的合作,以及长年累月结成的伴侣关系,能产生一种对男女双方都更为重要、更为丰富的关系。如果男人对孩子不负责任的话,这种关系将比任何其他关系对男女双方都更重要、更丰富。我认为,从情感教育的观点看,纯粹在女性气氛中生活而与男人只有日常接触的母亲,对孩子的好处一般都不如婚姻幸福并在各个阶段都与丈夫合作的母亲大(除了少数例外)。但是,人们肯定会从许许多多例子中列出其他的理由来反对这些看法。如果一个女人强烈地感到婚姻不幸福——这种情况毕竟绝不少见——她的不幸使她在对待孩子时就很难保持正确的感情平衡。在这种情况下,要是她摆脱了孩子的父亲,肯定就能做一个更好的母亲。所以,我们得出一个非常普通的结论:幸福的婚姻是好事,而不幸的婚姻是坏事。

家庭在个人心理中最为重要的问题是对父亲的影响。我们已经反复指出父权的意义与伴随的感情,知道了它在早期历史中对家长制家庭的发展,以及使妇女处于受支配地位所起的作用,从而可以判断父亲的情感有多么强烈。出于某些不容易估计的原因,这种感情在高度文明的社会远远不如在别的社会里那么强烈。罗马帝国时期的上层人士显然已不再有这种感情,当今社会许多有理智的人也几乎或完全没有这种感情了。但是,这种感情对大多数男人,甚至对最文明社会的男人,也仍然在起作用。正是由于这个,而不是性,男人们才结婚,因为即使不结婚,要获得性的满足也并非难事。有一种理论认为,要孩子的愿望在女人中比在男人中更普遍。但我认为,从价值意义来看情况完全相反。在大量现代婚姻中,孩子是女人对男人欲望的让步,因为妇女毕竟必须面对分娩、痛苦,以及因生儿育女而失去美貌的可能,但男人却没有这些忧虑的必要。男人希望限制家庭一般是出于经济原因,这些原因对女人同样起作用,但女人也有自己的特殊原因。当人们考虑要以本阶级认为必要的昂贵手段来教育家庭时,如果这样做会使以专门职业为生的人蒙受一定的物质舒适的损失,男人们感到需要孩子的愿望就特别明显。

要是男人不再享有目前父权所有的权利,他们还会生孩子吗?有人会说,如果他们不准备承担责任的话,就会无所顾忌地生。对此我不相信,因为希望有孩子的男人也必定希望承担对孩子的责任。在使用避孕药的今天,男人在寻求欢乐时有了孩子常常并不是出于无心。当然,无论法律可能是什么状态,男人和女人总是有机会长期融洽地共同生活,使男人能够享受到和父权差不多的乐趣。但是,如果法律和习惯适应了孩子只属于母亲这一观点,那么妇女将会感到,任何与我们现在所知道的婚姻相似的事情,都将是对她们独立性的侵犯,并且不必要地使她们失去她们本该享有的对孩子完全的所有权。因此,我们必须估计到,男人要说服妇女把法律保障的权利让予他们,并不是常常能成功的。

上一章曾经谈到过这种制度对男性心理的影响。我相信,这将大大降低男人对女人关系的严肃性,使他们的关系越来越成为纯肉体享受的事,而不是心灵与肉体的亲密结合。于是,所有的个人关系都将流于某种平庸,而男人的严肃感情将只是倾注在事业、国家或者完全非个人的问题上。但是,这一切都讲得过于一般化,因为人彼此之间的差别是很大的。对一个人可能是严重的损失,对另一个人却可能是完全的满足。虽然我不能完全肯定,但我却相信,淘汰父权这种公认的社会关系将会使男人的感情生活趋于平凡和淡漠,最终会逐渐厌烦和绝望。而生儿育女将渐渐停止,要靠那些仍然保持着古老习俗的人种来对人类加以补充。我认为,在女家长制下,感情生活厌烦和平庸将是不可避免的情况。当然,通过付给妇女足够的钱,使她们继续承担母亲的责任,可以防止人口的减少。如果军国主义一直像现在这么强大的话,可以推测,这种情况不久就会发生。但是这种思维方式应该归入人口问题去考虑,我将在后面对此加以探讨,这里就不再深入地谈了。

**第十五章**

# 家庭与国家

虽然家庭有其生物起源,但在文明社会中它却是法律条文的产物。法律对婚姻作了规定,并且详细规定了父母对孩子的权利。只要没有婚姻,父亲便也没有权利,孩子也就完全属于母亲。然而,尽管法律是想维护家庭,但在现代社会却越来越在父母与孩子之间引起冲突;而且,与法律制定者们的愿望相反,法律逐渐成了导致家庭制度破裂的主要方式之一。之所以发生这种情况,是因为坏父母不能像社会普遍认为的那样给自己的孩子以必需的关心。不仅是坏父母,那些十分贫困的父母,也需要国家的干预才能使他们的孩子免于苦难。19 世纪初期,干预工厂童工的提议遭到凶猛的反对,反对的理由就是,这样做将削弱父母的责任。虽然英国法律不像古罗马法律那样允许父母迅速而无痛苦地杀死孩子,但它却允许他们通过缓慢而痛苦的苦役来攫取自己孩子的生命。这种神圣的权力得到了父母、雇主和经济学家的保护。然而,社会的道德观念却受到这种抽象的迂腐看法的反抗,于是工厂法便得到通过了。第二步更为重要,即义务教育制的实行。这对于父母权利是真正严重的干涉,因为除了假日之外,每天中的许多个小时孩子都不得不离家在外,学习那些国家认为他们必须了解的东西;而父母却认为这事与法律毫不相干。国家通过学校逐渐扩大对孩子们生活的控制,他们的健康也得到了关心,即使他们的父母是基督教科学家也一样。如果他们在精神上有缺陷,便被送往特殊的学校;如果经济困难,就会得到食物;如果父母没钱给他们买靴子,那国家会买;如果孩子在学校表现出受父母虐待的迹象,那父母很可能会受到处罚。以前,只要孩子没成年,父母都有权支配他们的收入。现在,虽然孩子们实际上要保留自己挣的钱是件难事,但他们总算有保留的权利了。而且,当环境重视时,这种权利还能得到加强。在工薪阶级中,父母剩下的很少的权利之一,就是给孩子灌输同一地区许多父母都可以灌输的任何类型的迷信。但是,甚至连父母的这种权利,在许多国家也被剥夺了。

对国家取代父亲作用的过程,我们无法提出一个明确的界限。国家接管的是父亲的作用而不是母亲的作用,因为当父亲不得不在其他方面付出代价的时候,国家就在给孩子提供这样的服务了。在中上层阶级中,这一过程几乎还根本没有发生。因此,富裕阶级与工薪阶级相比,父亲的作用更为重要,家庭也更为稳定。在严格实行社会主义的国家,比如苏维埃俄国,取消或者完全改造以前为富人孩子服务的教育机构,被当作一项极端重要而且必需的事业。如果这种事情发生在英国,那是很难想象的。我看到杰出的英国社会主义者们对所有的孩子都应该上小学的建议怒不可遏:"什么?让我的孩子和贫民们的孩子混在一起?绝对不行!"他们竟然没有意识到,教育制度把阶级的分化多么深刻地联系起来了。

目前,所有欧洲国家的趋势是,国家对工薪阶级父亲的权利和作用的干涉仍在继续增加,但对别的阶级却没有任何相应的干涉(俄国除外)。其结果是分别在富人和穷人中产生了很不相同的看法。穷人的家庭在削弱,而富人却没有发生这样的变化。我认为,也许可以设想,以前引起国家干涉的对孩子的人道主义感情还将继续存在,并将引起国家越来越多的干涉。例如,伦敦贫民区占很大比例的孩子和北部工业城市更多的孩子患佝偻病是一起会引起公众行动的事件。对这种坏事父母却无能为力,无论他们有多大的希望——因为这要求饮食条件、新鲜空气和阳光,但这些他们又不能提供。听任孩子们在出生后的最初几年身体就被毁掉,这是浪费和残忍。等人们更了解卫生与饮食的意义时,要求避免让孩子受到不必要损害的呼声就会更高。

当然,所有这些建议会遇到政治上的强烈反对。伦敦每个区的富人都联合起来降低出生率,也就是说,尽可能少地采取措施减少穷人中的疾病和痛苦。在地方当局,例如波普纳区,当真的采取了有效措施降低婴儿死亡率时,他们便也被投进了监狱①。但是,富人的反抗在继续得到克服,穷人的健康在继续得到改善。所以,我们可以满怀信心地希望,在不久的将来,随着父亲作用的相应降低,国家照顾雇佣劳动者儿童的作用将会扩大而不会缩小。父亲的生物目的是在孩子弱小无助的年月里保护他们。当这一生物目的被国家接管过去的时候,父亲也就失去了存在的理由。因此,我们完全可以预料,资本主义社会将越来越分化成两个阶级:保存其旧形式的富人家庭和越来越希望国家发挥传统上原属于父亲的经济作用的穷人家庭。

人们曾估计,在苏联,家庭的变化更为激进。但是,考虑到苏联人口80%是农民,他们的家庭观念仍然和中世纪的西欧一样强烈,共产党人的理论可能只能影响比例相当少的城市人口。因此,我们收集到的关于苏联的资料可能正好与我们所考虑的资本主义国家那种情况相反,即上层阶级抛弃家庭,下层阶级却维护家庭。

---

①1923年,波普纳区的婴儿死亡率为60‰,肯星顿为70‰;1926年波普纳区的合法性恢复之后做了有利的工作,结果波普纳区的婴儿死亡率为71‰,肯星顿为61‰。

另外，还有一种强大的力量在排除父亲方面起作用，那就是妇女要求经济独立的愿望。至今为止，政治态度最激烈的妇女都是未婚妇女，但这可能是暂时性的状况。目前，英国已婚妇女所受的不公正对待远比未婚妇女严重，结了婚的教师被完全当作过着公开的罪恶生活的人来对待，甚至连公立医院的产科女医生都不得不过未婚生活。这样做的原因并非出于人们认为已婚妇女不适合这种工作，或是她们的就业没有任何法律保障。恰恰相反，前几年通过的一项法律还明确主张，任何妇女都不应该由于结婚而使她的法律资格受到任何影响。使已婚妇女不能就业的整个原因在于男子想维持对她们的经济权力，但是，这并不意味着妇女就肯定会屈服于这种专横。当然，要找到一个能接受她们的理由的政党还颇有些困难，因为保守党爱家庭，而工党却爱劳动者。然而，既然妇女占选民的大多数，就不能设想她们会甘于永远被置于后台。她们的要求如果得到承认，就可能对家庭产生深刻的影响。妇女获得经济独立可能有两种不同的方式。一种方式是她们仍然从事结婚之前就从事的那项工作，这包括把孩子交给别人照管，以至将使托儿所和幼儿学校的数量大为增加。从逻辑上讲，其结果会导致父母亲的重要意义完全从孩子心理中消失。另一种方式是有小孩的妇女可以全心全意照料自己的孩子，并以此为条件领国家发的工资。当然，仅仅这一种方法还不够，还应有补充条款,以使妇女们在孩子较大以后能重返一般的工作岗位。但是,这种方法应该有利于妇女能自己照料孩子而又不至于导致她们依赖某个男人。应该承认,生孩子以前只是性满足的结果,而现在却成了一项要慎重承担的任务。在国家利益与父母利益之间,由于生孩子对前者更有利,所以应该由国家承担抚养的费用而不应让父母承受这一沉重的负担。人们在主张家庭补助问题时承认了这一点,但却没有承认这笔钱应该只付给母亲。然而我认为,我们可以假定,工人阶级的女权运动将会发展到这一步:使之得到承认并在法律上得到体现。

假如这项法律得到通过,它对家庭道德的影响将取决于法律如何起草。这项法律可能这样起草:如果孩子是非法所生,母亲就不能得到这笔费用。或者这项法律可能这样规定:如果证明她犯过通奸罪,则应付款给她的丈夫,而不是付给她。如果法律是这样制定的话,那么当地警察就有责任去逐个了解已婚妇女,调查她们的道德状况。调查的结果可能令人十分振奋,但我怀疑受到振奋的人是否完全对此感兴趣。我认为,不久会有人提出制止警察的干涉,其必然结果是使非法生孩子的母亲都能得到补助。要是出现这种情况,雇佣工薪阶级父亲的经济权利将会终结。然后,家庭可能就不再是由父母亲组成,父亲的重要性不过和猫狗间的情况差不多了。

但是，现在有的妇女对家庭十分恐惧，以至使我觉得大多数妇女非常希望能继续干她们结婚前就在干的工作，而不想因为照料自己的孩子而领钱。愿意离开家而去托儿所照料小孩的妇女不乏其人，因为这么干是职业工作，但是我认为，如果大多数劳动妇女能够有选择机会的话，在家带自己的孩子领工资并不比靠外出去干结婚之前就在干的工作挣工资愉快。不过这只是看法问题，我不能假装自己有任何确切的理由。但是，要是我们所说的问题中有什么真理的话，那么，看起来可能就是：已婚妇女中女权运动的发展可能在不久的将来，甚至在资本主义社会内部会导致工薪阶级把父母一方（如果不是双方的话）从抚育孩子的事务中淘汰出去。从纯政治意义上讲，妇女对男人统治的反抗实际上是已经完成了的运动，但从更广的范围来看，却又仍然处在反抗的初级阶段，其更深远的影响将逐渐地表现出来。至今人们仍然认为，妇女感觉到的情感是对男人的兴趣与情感的反应。你从男性小说家的作品里可以看到，妇女给幼儿哺乳会感到身体的欢愉。然而你询问任何熟人的母亲时都会知道，情况并非如此。但在妇女获得选举权之前，男人甚至连想都没有想到要这么办。男人们长期以来就一直对这种母性的情感垂涎不已，他们无意识地从中看到了自己统治的手段。要了解妇女在这方面的感觉还需要巨大的努力。直到最近，人们还认为所有正派的妇女都希望生孩子,但并不喜欢性;甚至直到现在,当妇女坦率地说她们不想生孩子时,还使许多男人吃惊。男人向这样的妇女说教实在屡见不鲜。只要妇女还处于从属地位,她们就不敢袒露自己的感情,而只能表白那些使男人高兴的东西。因此,我们不能从至今人们所认为的妇女对孩子的正常态度来争论问题,我们可能发现,当妇女完全解放的时候,事实会证明她们的感情总的来说和人们至今所想象的很不一样。我认为,无论如何已经存在至今的文明,倾向于大大地减少妇女的母性感情。很可能,高度发达的文明将来不可能维持,除非妇女生孩子能得到一大笔钱,使她们感到生孩子像一种赚钱职业那样值得。如果情况是那样的话,当然不必让所有的妇女或大部分妇女以此为职业了。生孩子将成为所有职业中的一种,而且,从事这种职业必须有职业的彻底性。不过这都是猜测而已,其中相当肯定的似乎只有一点,即在后来的发展中,女权主义可能对打破代表史前时期男人对妇女胜利的家长制家庭有着深刻的影响。

目前,西方世界以国家取代父亲作用的现象总的来说是一大进步。它极大地改善了社会的健康状况和总的教育水平,降低了对孩子的残酷性,使大卫·科波菲尔①所受的那种痛苦不可能再发生了。特别是通过防止错误的家庭引

①指英国作家狄更斯同名小说中的主人公。——中译注

起的最糟糕的罪恶,使总的健康水平和智力程度可望能继续得到提高。但是,国家取代家庭却有严重的危险。一般说来,父母都喜爱自己的孩子,而不是仅仅把他们当作政治计划的材料,但不能期望国家也会有这种态度。各个机构中与孩子接触的实际的个人,例如学校教师,只要他们不是过分劳累,报酬不过分低,都可能保留有一些父母般的情感。但是教师却几乎没有权力,权力是属于行政官员的,但而他们根本看不到连生命都由他们控制着的孩子。而且,作为管理型的人,他们特别可能把人看作某种建设的材料而不是视为目的(因为不如此,他们就得不到已得到的职位)。此外,行政官员总喜欢统一模式,因为这样便于统计和分类。如果是“正确的”统一模式,那就意味着会产生大量的他们希望的那类人。因此,交给制度来摆布的孩子很容易成为千篇一律的人,而那些不能符合既定模式的少数人就会受到迫害——不仅受到同伴的迫害,而且还会受到当局的迫害。这就意味着,那些有极大潜力的人中有许多人都将产生苦恼,遭到折磨,直到他们的精神崩溃为止;也意味着绝大多数能符合既定模式的人将变得非常自信,很容易迫害人,不能耐心听取任何新的想法。首先,只要世界仍然分化为军国主义的、竞争的国家,那么,公共团体取代父母进行教育就意味着强化所谓的爱国主义,即无论什么时候只要政府觉得有必要,父母们都愿意毫不犹豫地投身于相互灭绝。毫无疑问,这样的爱国主义是目前的文明所揭露的最为严重的危险,任何增加这种危险性的事都比瘟疫、鼠疫和饥荒更为可怕。当前的年轻人都具有分裂的忠诚,一方面忠于自己的父母,另一方面又忠于国家。如果他们唯一的忠诚向着国家,我们就有理由担心,这个世界将会变得比现在更为残忍。所以我认为,只要国际主义问题不解决,国家在教育和照料孩子中所起的越来越大的作用就有严重的危险,而且这种作用的危险性超过了它不容置疑的有利性。

另一方面,如果建立起能够用法律取代国家之间争端力量的国际政府,就将出现完全不同的局面。这样的政府能够颁布法令,使任何国家均不得把疯狂形式的民族主义作为教育内容,从而能够坚持使各地均应进行忠于国际性超级国家的教育,坚持把国际主义作为感情来灌输,取代目前对国旗的忠诚。那样的话,虽然仍然存在着造成统一模式的极大危险和对奇特的人的严重迫害,但是,引起战争的危险却可以消除了。超级国家对教育的控制确实将会有效地防止战争。看来似乎可以得出这样的结论:如果是国际性的国家,那么国家取代父亲将对文明有利;但只要国家是民族性的,是穷兵黩武的,那就意味着危及文明的战争因素增加了。目前,家庭在迅速衰落,而国际主义却发展缓慢,所以,形势证明我们的严重忧虑是有道理的。然而,也并非毫无希望,因为国际主义在将来可以比从前发展得更快。也许,我们不能预言未来是件幸事,这样我们就有权希望(如果不是预料的话)形势会比目前进步。

第十六章

# 离 婚

出于一定的原因，大多数时代和大多数国家都允许离婚是一种制度。从来没有谁想用这一种选择来替代一夫一妻制家庭，而仅仅是以此缓和出于特殊原因而感到无法忍受的婚姻要继续下去的艰难性。关于离婚的法律在不同的时代和不同的地方也极为不同。目前，甚至在美国国内就各不相同：南卡罗来纳州根本不准离婚，但内华达州①又与此截然相反。许多非基督教文明中，离婚对丈夫而言一直都轻而易举，有的地方妻子要离婚也不难。摩西法②允许

①在内华达州，如下原因都是离婚的理由：任意抛弃，犯重罪或不名誉的耻事，习惯性醉酒，从结婚持续到离婚时的阳痿，极端残酷行为，忽视供养达一年，精神病达两年等。见《文明中的性》，V. F. 卡尔弗顿和 S. D. 施马尔豪森著，1929 年，第 224 页。

②由摩西制定的古代犹太法律，见于《圣经·旧约全书》前 5 卷。——中译注

丈夫给一笔离婚费；中国法律规定，只要退回妻子带来的财产，就允许离婚。天主教却认为婚姻是神圣的事，无论什么原因也不准离婚。但是，这种严格规定实际上已有所缓和——特别是关系到大人物的时候——因为有许多婚姻无效的理由。①

在基督教国家中，对离婚的宽容程度是与对新教的信仰程度成比例的。众所周知，密尔顿②就写诗赞同离婚，因为他是虔诚的新教徒。当英国教会认为自己是新教时，仅承认私通是离婚的理由，而不承认其他任何理由。现在，英国教会的绝大多数教士对离婚都一概反对。斯堪的纳维亚半岛有容易离婚的法律。美洲的大部分新教国家也是这样。苏格兰比英格兰更赞同离婚。在法国，由于反教权主义，离婚也成为易事。在苏联，男女双方任何一方提出离婚都可以得到批准。但是，由于苏联对私通与私生都没有社会的或法律的惩罚，因此那里的婚姻已失去了其他地区那种婚姻的重要意义，起码对统治阶级是这样。

关于离婚的最奇怪的一件事，是常常存在于法律与习

---

①应该记住，就马尔巴勒公爵和夫人的情况而言，人们认为他们的婚姻就是无效的，因为公爵夫人是被迫结的婚。所以，尽管他们俩已生活多年，有了孩子，人们仍认为这个理由是正当的。

②密尔顿(1608~1674)：英国诗人，其作品有《失乐园》《力士参孙》《复乐园》等。——中译注

惯之间的差别。最容易离婚的法律往往并不能导致最大量的离婚。在最近的动乱之前的中国，尽管有孔丘的先例，离婚却几乎不为人所知，人们认为这并不是光彩的事。瑞典允许双方同意的离婚，而美国却没有任何一个州承认这个理由。但是，我从 1922 年的比较数字（这是我所有的最新的数字）发现，那年瑞典的离婚率按人口算是十万分之三十四，而美国却达到十万分之一百三十六①。我认为法律与习惯之间的差别是重要的，因为我虽然赞成离婚法要宽大些，但又认为，只要坚持以双亲家庭为规范，除了某种极端情况之外，习惯总是反对离婚的强大原因。我之所以持这种观点，首先是因为我并不认为婚姻是一种性伙伴关系；相反，应首先把婚姻当作生儿育女和抚育孩子的一项合作事业。像前面几章看到的一样，这样理解的婚姻在各种力量（其中主要是经济力量）的作用之下甚至很可能破裂。不过，如果这种情况发生的话，离婚也将会破裂，因为离婚是由婚姻的存在而决定的制度，在这种制度之内它起了一种安全阀的作用。所以，我们现在的讨论将完全进入人们通常所考虑的双亲家庭的结构。

总的说来，新教和天主教都不是从家庭的生物目的这

---

①从 1922 年之后，离婚与婚姻无效的总数在瑞典已从 1923 年的 1531 件上升到 1927 年的 1966 件；而美国每一百次婚姻的离婚率，却从 1923 年的 13.4% 上升到 1927 年的 15%。

一观点，而是从神学的罪恶概念来看待离婚的，因为天主教认为婚姻在上帝眼中是不可分裂的。因此，两个人只要一结婚就必须维持下去。只要一方还在世，那么任何一方与任何其他人性交就不可能是无罪的，无论婚姻发生什么情况都不能这样做。就新教徒赞同离婚这一点来看，部分原因是出于对天主教认为婚姻就是圣礼的教义的反对，部分原因是他们认为婚姻的不可分裂性是私通的原因，因而相信离婚会使消除私通行为更容易。因此，人们发现，在婚姻容易解除的那些新教国家，私通受到极端的轻视；而在不承认离婚的国家，虽然认为私通有罪，然而至少男人们对私通却另有青睐。在离婚非常困难的沙皇俄国，无论人们对高尔基的政治见解怎么看，但对他的私生活却并不往坏处想。在美国就正好相反，不会有人反对他的政治观点，但出于道德原因却会驱逐他，不会有一个旅馆让他住上一宿。

在这个问题上，根据理性的原因都无法坚持新教或天主教的观点。我们先来看天主教的观点。假如结婚之后，丈夫或妻子患了精神病，在这种情况下，患精神病的父母要再生孩子并不是可取的事，也不应该让已经出生的孩子与精神病人接触。从孩子的利益出发，即使精神失常的父母有清醒的时候，也应让孩子与他们完全隔离。在这种情况下，如果完全不允许神志正常的一方享有任何法律认可的性关系，这在一定程度上无疑是无谓的残酷，对任何社会目的都没有意义。这就使神志正常的一方面临十分痛苦的选择:他或她要么决定节欲,这正是法律和社会道德所期望的;要么偷香窃玉,假如不会生孩子的话;要么不管会不会有孩子,都决定甘于所谓的公开堕落。无论其中哪一种办法,都会有反对意见。完全地节欲对已经习惯于婚姻中性生活的人是特别痛苦的事,这常常使一个男人或女人未老先衰,造成神经错乱也并非不可能。无论哪一种情况都容易造成不愉快的、勉强的和不合时宜的性格。对一个男人来说,自制力突然崩溃的严重危险总是存在的,以至会使他采取残酷的行动。因为他如果真的相信一切婚外性交都是罪过,而他实在又想寻求这种行为的话,就可能感到自己像一只绵羊或小羊羔被绞死一样,因此抛弃一切道德的约束。

第二种可采用的办法,即发生偷偷摸摸的、不生孩子的性关系。实际生活中,这是最普遍采用的办法。就像我们现在探讨的情况一样,对此也有严重的反对意见。任何偷偷摸摸进行的事都不愉快,严肃的性关系要是没有孩子和共同的生活就不能发展到最好的程度。此外,要是一个男人或女人年纪轻轻,精力旺盛,但人们却对他们说“你们不要再生孩子了”,这也不符合社会的利益;或者对他们说法律实际上已说过的话,“除非你选择一个精神病人做孩子的父母,否则就不能再生孩子”,这就更不符合社会的利益了。

第三种可采用的办法,即过“公开堕落”的生活,只要在行得通的地方，这种办法对个人和社会的危害都最少。然而出于经济原因，大多数情况下都不可能。医生或律师要过明目张胆的堕落生活则将失去所有的病人或委托人。从事任何学术专业工作的人会马上失去职位。① 即使经济环境使公开的堕落生活有了可能，但大多数人还是会被社会的惩罚阻止。男人都爱参加俱乐部，女人则喜欢受人尊敬，喜欢别的女人拜访。要是这些乐趣被剥夺了，显然是一大苦难。因此，除了有钱人，除了艺术家、作家以及那些职业容易使他们在一个多多少少是狂放不羁的社交界生活的其他人而外，要过明目张胆的堕落生活是件难事。

由此可见，在任何不允许因神经失常而离婚的国家，如英国，夫妻之中任何一方如果患了精神病，那么另一方便被置于无法忍受的境地。支持这么做的，除了神学迷信之外毫无别的任何理由。对精神病是如此，对性病、习惯性犯罪和习惯性醉酒也是如此。无论从哪一种观点来看，这些都是毁灭婚姻的事情。它们使夫妻相互间不可能存在伴侣关系，生儿育女也成了不受欢迎的事，有罪的父母与孩子的结合同样也要避免。所以，在这种情况下，我们只有以婚姻是引诱粗心大意的人通过悲伤来洗涤其罪恶为理由，才能反

①除非他碰巧在一家比较古老的大学任教，而且与当上内阁部长的贵族关系密切。

对离婚。

当然,当遗弃已经名副其实的时候,这也应该是离婚的理由,因为在那种情况下,法令只在法律中承认已成为事实的东西,即婚姻已经完结了。然而,如果遗弃是离婚的理由,那么为达到离婚就会采取遗弃手段,因而遗弃的现象将比不把它作为离婚理由时要频繁得多。这从法律观点来看也有尴尬之处,对于各种本身完全正当的原因也会出现同样的困难。许多已婚夫妇要分手的愿望十分强烈,因而将会使用法律允许的几乎任何最便利的方式达到离婚。像从前英国的情况一样,当一个男人为了离婚不得不去犯虐待罪和私通罪的时候,常常发生这种情况:丈夫与妻子商定,当着仆人的面打她以立即得到虐待的证据。通过法律的压力迫使急切想离婚的两个人勉强地凑合是否可取,完全属于另外的问题。然而我们必须完全公正地承认,无论允许以什么样的离婚理由,这些理由都会被运用到极端程度,许多人将故意采取某种方式以使这些理由生效。但是,我们先不管法律的难处,接着探索实际上不应该持续下去的婚姻持续下去的环境。

我认为,私通本身不应该是离婚的理由,除非人们受到禁止或者受到强大的道德约束。经过漫长一生而没有偶尔产生强烈的私通冲动,这是很不可能的。但是,这样的冲动绝不是必然意味着婚姻的目的就不起作用了。夫妻之间仍然可能有热烈的感情,婚姻要继续下去的愿望仍然完全存在。例如,假设一个人必须离家几个月外出办事,如果他身体强健,那么无论他多么地爱自己的妻子,也可能觉得这段时间都要节欲很难办到。如果妻子不是完全相信传统道德的正确性的话,这种情况对她也一样。这种情况下的不忠无论如何不应该成为后来幸福的障碍,事实上也不会。丈夫和妻子都不会认为他们必须沉溺于无节制的、戏剧性的妒忌之中。我们还可以进一步说,就像总是容易发生的事情一样,双方都应该能容忍这种暂时的迷恋,只要潜在的感情不受影响就行。然而,私通的心理被传统道德歪曲了。传统道德认为在一夫一妻制国家中,对一个人的吸引不能与对另一个人的严肃感情共存。人人都明白这不真实,然而在妒忌力的影响下,人人又都容易退回到这一不真实的理论上而小题大做。所以,总的来说,除了丈夫或妻子深思熟虑地选择了另一个人外,私通并不是离婚的好理由。我这样说,当然是假定私通是不会生孩子的那种关系。如果有了私生子,那问题就要复杂得多了;如果私生子是妻子私通生的话,问题更是复杂——因为在这种情况下如果婚姻还继续存在的话,丈夫就要面临必须把另一个男人的孩子和自己的孩子一道养大的问题,而且如果要避免私通丑闻的话,就必须完全将妻子的私生子当作自己的孩子一样。这和婚姻的生物基础背道而驰,并且也将包括几乎无法忍受的本能压力。根据这点,以前在没有避孕药物的时候,也许私通还值得那样重视。但是,避孕药物已经使区别私通与作为生育伴侣的婚姻比以前容易得多了。根据这个理由,现在可能不必像传统的道德规范那样看重私通了。

有两种理由可以使离婚成为受欢迎的事。一种是由于一方有诸如精神病、酗酒狂、犯罪等问题,一种是夫妻关系的原因。可能发生这种情况,即并不是夫妻哪一方的责任,但已婚夫妇就是无法和睦相处,或者不做出某些重大牺牲就不能共同生活。也可能双方都有重要的工作要完成,而工作又需要他们异地相处。或者一方并非不喜爱另一方,但是却深深地爱上了别的人,其爱之深使之感到婚姻成了不能忍受的束缚。在这种情况下,如果没有法律上的补救办法,就必定会产生怨恨。众所周知,这些情况确实很可能引起凶杀。由于不能和谐相处,或者由于夫妻某一方对第三者有过分强烈的感情而导致夫妻关系破裂,这样的婚姻不应该像现在这样由法律予以惩处。因此,对所有这样的情况,以双方同意作为离婚理由要好得多。非双方同意的理由,只应该适用于因配偶一方有某种明确的问题而破裂的婚姻。

要制定关于离婚的法律的确十分困难,因为无论法律可能是什么样子,法官和陪审团总会受他们自己感情的制约。而丈夫们和妻子们也会竭尽全力,采取必要的办法来迷惑立法者。虽然英国的法律规定,夫妻之间的任何协议都不能获准离婚,但是大家都知道,这样的协议事实上是常常存在的。纽约州甚至有人出钱搞假证以证明犯了依法应受处罚的私通罪,这种事情并不少见。理论上,虐待是十分充分的离婚理由,但是也可能被荒谬地理解。当最杰出的影星的妻子以虐待的理由而要求离婚时,证明影星虐待的罪状之一竟是他常常把谈论康德的朋友带回家。加利福尼亚的立法者们让妻子能够以丈夫有时当着她们的面进行睿智的谈话为理由而与丈夫离婚,他们的意图真让我难以理解。总而言之,在没有某种像精神病那样明确的、可验证的理由作为单方面离婚愿望的法律证明时,通过双方同意而离婚是消除一切混乱、诡计和荒唐行为的唯一办法。然后,当事人必须到法庭之外去协商金钱上的一切问题。任何一方都用不着非得去雇个精明人来证明对方是个不法的恶棍。我还要补充一点,凡是婚后无孩子的,只要申请婚姻无效,就应予准许。但现在只在不能进行性交的情况下才判决婚姻无效。就是说,如果婚后没有孩子,而丈夫和妻子希望离异,只要他们出示说明妻子没有怀孕的诊断书,就应该得到批准。孩子是婚姻的目的,要人维持无儿无女的婚姻是一种残忍的欺骗。

离婚法我们就谈到这里,但习惯是另外一回事。像我们已经知道的那样,法律可能使离婚轻而易举,但习惯却使离婚难上加难。我认为,美国的离婚案之所以层出不穷,部分原因在于人们企图从婚姻中得到的是本不应该企求的东西;而另一方面,这又部分地是由于私通不为人们所容忍。婚姻应该是双方都有意至少在其孩子尚处幼年时期时要保持的一种伴侣关系,而不应该被任何一方当作随随便便的临时恋情。如果公众舆论或者当事者的良心不能容忍这种临时恋情,那么,它们就都不得不发展成婚姻。这样,甚至还能轻易地发展到完全摧毁双亲制家庭的程度,因为如果一个妇女每两年就有一个新丈夫,并与每个丈夫都生一个孩子的话,孩子们其实等于没有父亲。因此,婚姻便失去了它存在的理由。我们再回到圣·保罗的学说上来,美国的婚姻,就像在《哥林多前书》中讲的婚姻一样,被认为是私通的一种替代办法。因此,如果一个男人无法离婚,那么,他只要私通就一定能达到离婚的目的。

当把婚姻与孩子联系起来考虑的时候,一种迥然不同的道德就开始起作用了。如果夫妻对自己的孩子有任何爱心的话,他们将会调整自己的行为,以便给孩子提供愉快健康的最佳发展机会。有时候这也可能产生很严重的自我抑制。这当然要求夫妻双方都应该首先认识到孩子的要求,而不是他们自己的罗曼蒂克的感情要求。但是,这一切都会自行发生。很自然的,只要父母的情感真挚,虚伪的道德就不会点燃妒忌之火。有人曾说,要是丈夫和妻子彼此不再深深相爱,也不制止彼此的婚外性行为,就不可能充分合作地教育孩子。所以,沃尔特·李普曼先生说:“和伯特兰·罗素先生认为的一样,不是情人的配偶不会像他们应该做的那样,即真正地合作抚养孩子;而是精力分散,对孩子照顾不充分,而最糟糕的是,他们仅仅是在尽责任而已。”[①]首先,这里有个小小的、也许是无意识的误言。当然,不是情人的配偶不会合作抚养孩子,但和李普曼似乎想暗示的那样,孩子生下来并没有完。而即使是在深沉的爱情已经衰退之后,合作抚育孩子也决不是能有自然感情的敏感人的超人任务。对这一点我可以从我本人知道的大量事例加以验证。说这样的父母“仅仅是在尽责任”,就会忽视父母之爱的感情——一种真诚强烈的、在身体的激情已衰退很久之后仍维系着丈夫与妻子之间不可破裂的联系的感情。李普曼先生从来没有听说过法国的情况。尽管法国在私通问题上特别自由,但法国的家庭却很牢固,父母也非常尽职。美国的家庭感情极弱,其结果是离婚频率也很高;而在家庭感情强烈的地方,即使离婚在法律上轻而易举,但离婚案却比较少。应该把美国那种容易离婚的情况看作从双亲制家庭发展到纯母亲家庭的过渡阶段。但是,这个阶段对孩子来说却充满艰难,因为在实际生活当中,孩子都希

---

①《道德绪言》,1929 年,第 308 页。

望有父母双亲。而且在离婚之前,孩子可能就依恋上父亲了。我觉得只要双亲制家庭继续成为公认的规则,除了严重的原因之外,彼此离异的父母就没有尽到父母的职责。我并不认为维持婚姻关系的法律强制力能弥补这些问题。我是认为,首先需要能使婚姻更持久的一定程度的相互自由;其次是要认识孩子的重要性,由于圣·保罗和浪漫主义运动对性的重视,孩子的重要性被掩盖了。

看来,似乎应该得出这样的结论:许多国家离婚十分困难,如英国,但同时,轻而易举的离婚又不是解决婚姻问题的真正办法。如果婚姻要继续维持,保持它的稳定性对孩子的利益关系重大,那么最好是通过区别婚姻与纯粹的性关系,通过重视婚姻的生物意义而不是浪漫意义来求得这种稳定。我并非妄称能够解除婚姻的沉重责任。确实,在我所推荐的制度中,男人是从婚姻的性忠诚中解脱了的。但是,他们是以克制妒忌为代价才解脱的。没有自我克制就不能过美好的生活,但要克制的最好是像妒忌这样具有限制性和充满敌意的感情,而不是像爱情那样丰富而壮阔的感情。传统道德的谬误之处并不在于它要求自我克制,而在于不合时宜的要求。

第十七章

# 人　口

婚姻的主要目的是补充地球上的人口。有的婚姻制度不能充分执行这个任务,但有的婚姻制度又执行得过了头。在本章中,我想从这个观点出发来谈谈性道德。

自然状态中,大型哺乳动物要生存,平均每个个体要有相当宽的范围才行,因此,任何种类的大型野生哺乳动物的总数都不多。牛羊的数量很大,但那是人类的作用。人类的数量与任何其他大型哺乳动物的数量都不成比例,这无疑是人类拥有技能的原因。弓箭的发明、反刍动物的驯化、农业的出现以及工业革命等,这一切都提高了人能够在每平方英里上生存的数量。如同我们在统计数字中看到的那样,在这些经济发展中,工业革命就被这一目的利用了。其余的经济进展大体也增加了人口。人类的智慧更多地是被利用来提高人类的数量,而不是为了任何别的目标。

当然,正如卡尔·桑德斯先生指出的那样,人口发展的一般规律实际上一直是稳定的,像19世纪发生的那次人口增长是一次十分例外的现象。可以设想,古埃及和古巴比伦帝国在开始实行灌溉和精耕细作的时候,也出现过某种类似的增长,但在历史上似乎根本没有发生过这类事。19世纪之前的人口估计猜测性很大,在人口问题上都会发生这种事。不管怎样,人口剧增是少见的例外现象。如果在最文明的国家里,人口现在又趋于稳定的话(情况似乎正是这样),那只能意味着他们经历了一个非常时期后又回复到了人类的平常实践。

卡尔·桑德斯关于人口的论著的伟大功绩在于,他指出了几乎各个时代和各个地方都一直在实行革命性的限制,指出了保持稳定的人口比通过高死亡率来削减人口更为有效。他也许夸大了自己了解的情况。例如,印度和中国似乎主要就是因为高死亡率而防止了人口的迅速增长。我们缺乏中国的统计资料,但却有印度的资料。像他所说的那样,印度的出生率很高,但人口增长率却略低于英国。之所以出现这一现象,主要是由婴儿高死亡率、瘟疫和其他严重的疾病所致。我相信如果有中国的统计资料,情况大体也是这样的。尽管有这些重要的例外,但桑德斯的论点无疑在主要方面是正确的。各种各样限制人口的方法已得到实行,其中最简单的就是戮婴,凡在宗教允许的地方都广泛存在这一现象。有时候,戮婴势力已十分强大,以至人们在接受基督教时，都要坚持以基督教不能干涉戮婴为条件。[①] 杜克霍布斯人[②]曾以人类生命是神圣的为理由拒绝服兵役，因而遭到沙皇政府迫害；后来又因有戮婴偏好而为加拿大政府所不容。除了戮婴以外，其他限制人口的方法也很普遍。许多种族中，妇女不仅在怀孕期避免性交，甚至在哺乳期也要避免性交，而且经常长达两三年之久。这样一来，必定会大大限制她们的生育力。尤其是野蛮人，因为他们比文明种族进入老年要快得多。澳大利亚的土著居民实行一种十分痛苦的手术，这种手术严重降低了男人的性能力，使生育能力受到明显的限制。像我们从《创世记》[③]中知道的那样，古代人早已经知道并能使用至少一种明确的节育办法。然而犹太人并不赞成使用这种方法，因为他们的宗教总是极端反马尔萨斯主义的。通过使用这些各式各样的方法，人类避免了因饥饿造成的大批死亡。如果人类最大限度地使用了自己的生育能力的话，饥荒本来是会发生的。

---

①例如，冰岛就发生过这种事情。桑德斯：《人口》，1925 年，第 19 页。

②杜克霍布斯人（Doukhobors）：俄国农民的基督教派之一，该教派始于 18 世纪，部分教徒因受迫害于 1899 年迁往加拿大。——中译注

③见《旧约・创世记》第 38 章 9—10，“犹大对俄南说，你当与你哥哥的妻子同房，向他尽你为弟的本分，为你哥哥生子立后。俄南知道生子不归自己，所以同房的时候，便遗在地，免得给他哥哥留后。”（引自和合本）——校注

然而，在使人口下降方面，饥饿却发挥了相当大的作用。它在很原始的条件下起的作用，也许不如在不很发达的农业化农民社会中起的作用大。1846 至 1847 年爱尔兰发生的严重饥荒，就使人口从此再也没有达到过以前曾经达到过的水平。俄国饥荒频繁，人们对 1921 年的那一次至今记忆犹新。1920 年我在中国的时候，那个国家很多地方遭受的饥荒和俄国 1921 年的饥荒一样严重。但是那里的饥民得到的同情却不如伏尔加河流域的饥民，因为他们的不幸不能归咎于共产主义。① 这些事实表明，人口有时候会上升到甚至超过生存的限度，而这种情形确实会发生，特别是在那些粮食数量可能突然大量减少的地区。

在信奉基督教的地方，除了节欲之外，终止了对人口增长的一切控制。当然，戮婴是被禁止的，此外还禁止流产以及所有的避孕措施。虽然修士、僧侣和修女都独身，但我认为在中世纪的欧洲，他们在人口中的比例不会有当今英国未婚女人在人口中占的比例大。所以，从统计资料上看，他们对生育力的任何控制不可能起到重要的作用。相应地，将中世纪与古代相比较，由于贫困和鼠疫可能引起的大量的死亡，这一时期的人口增长较缓慢。18 世纪的增长率略

①俄国因连年内战造成生产停滞，1921 年发生大面积饥荒，国内外反苏维埃势力将此次大饥荒归咎于刚刚建立不久的布尔什维克苏维埃政权。——校注

高。然而,由于19世纪发生了非常大的变化,人口增长率提高到了前所未有的水平。据估计,英格兰和威尔士1066年每平方英里有26人,1801年上升到153人,1901年上升到了561人。因此,19世纪期间的增长几乎是从“诺曼征服”①到19世纪初的4倍。但英格兰和威尔士人口的增长也不能充分说明事实,因为在19世纪期间,英国人正居住在世界上原来的野蛮人居住的大部分地区。

要把人口的这一增长归于出生率的增长是没有多少理由的,说是死亡率的下降还更有道理些,其中部分是由于医学的发展。但我认为,更重要的还是工业革命所带来的繁荣。从1841年英国开始记录出生率以来直到1871至1875年,出生率都基本稳定,后期最高达到35.5‰。在此期间发生过两件事:第一件是1870年的教育法案,第二件是1878年对布雷德洛新马尔萨斯人口论宣传的起诉。人们相应地发现,从那时起出生率开始下降。最初下降缓慢,后来就是灾难性的了。教育法案为出生率下降提供了动机,因为孩子不再是一项有利可图的投资;而布雷德洛则提供了手段。在1911至1915年连续5年间,出生率降到了23.6‰;1929年第一季度下降到了16.5‰。由于医学卫生的改善,英国的出

①“诺曼征服”是指1066年以诺曼底公爵威廉为首的法国封建主义对英国的征服。——校注

生率仍在缓慢上升,但在迅速地接近一个稳定数。① 大家知道,法国的人口基本稳定已经有很长时间了。

在整个西欧,出生率的下降都非常迅速,而且相当普遍,唯一例外的是像葡萄牙那样的落后国家。城市又比农村地区更明显。出生率的下降开始于富人,但现在已经渗透到了城市和工业区的各个阶级。尽管如此,穷人的出生率仍比富人高,但是伦敦最穷的区现在也比10年前最富的区低了。众所周知(虽然有的人仍不承认),出生率的下降是由于流产和使用避孕药物。尽管出生率的下降已使目前人口趋于稳定,但没有什么特别的原因会使出生率下降的情况停止。出生率下降可能会轻易地持续下去,直到人口开始减少为止。也许可以预料,最后结果可能是最文明种族实质上的灭绝。

在我们就这个问题进行有益的讨论之前,有必要弄清我们的意图是什么。在任何一定的经济技术状态里,都有桑德斯所称的最佳人口密度,即能使人的平均收入获得最大值的密度。如果人口降到这个水平之下或上升到这个水平之上,总的经济福利水平便会降低。广义地说,经济技术的每次发展都提高了最佳人口密度。在狩猎时期,每平方

---

①1929年一季度减少了,但那是因为有流行性感冒,见《泰晤士报》(伦敦),1929年5月27日。

英里一个人就差不多了,而在高度发达的工业国家,每平方英里几百人可能也不为过。有理由认为,战后英国的人口过多了,但对法国就不能这么说,更不用提美国了。但是,法国和每一个西欧国家都不大可能因人口的增长而获得平均财富的增长。因此,从经济观点来看,我们没有理由想要人口上升。那些有这种欲望的人通常是受民族黩武主义动机的激励;而且,他们想要的也不是持久的人口增长,因为他们一旦赢得了想进行的战争,就会要求终止人口的增长。所以,这些人实际上认为,用战争死亡比用避孕药物限制人口更好。这种观点并不是每个人仔细考虑之后都能接受的,就是那些看来坚持这种观点的人也是在头脑发昏的时候才那么做。除了有关战争的观点外,我们有种种理由为有关节育的知识正在使文明国家的人口趋于稳定而感到欣喜。

然而,实际上,要是人口会减少的话,问题就完全不同了,因为人口不加限制地减少意味着最终的灭绝。我们不希望看到世界上最文明的种族消失。所以,只有在能采取措施,使用避孕药物后能把人口大约保持在目前的水平上时,避孕药物的使用才是受欢迎的。我认为这样做没有任何困难。家庭限制的目的主要是经济原因(虽然不完全是这样),减少孩子的费用可以提高出生率。如果要证明其必要性的话,就是使孩子成为父母实际的经济来源。但是,在目前这个民族主义的世界上,任何这样的措施都非常危险,因为这种措施将被用作获得军事优势的方法。可以想象,一旦如此,所有主要的军事国家将会在“大炮需要炮灰”的口号下,为军备竞赛再加上一场生殖竞赛。因此,如果文明要继续存在,我们又再次面临着建立国际政府的绝对必要性。如果国际政府想有效地维护和平,就必须通过法令,限定任何军事国家人口出生率的增长。澳大利亚与日本之间的敌对说明了这一问题的严重性。日本的人口增长非常快,但澳大利亚却相当地慢(移民除外),这就引起了十分棘手的敌意,因为双方在争论中显然都能求助于公正的原则。我想,可以假设,不久之后,整个西欧和美国的出生率将不会再使人口增加,除非政府看到这种结果而采取明确的措施。但是,在其他国家仅仅靠生育来扭转力量平衡的时候,也不能指望第一流的军事强国袖手旁观。因此,任何要正确行动的国际权威都必须考虑人口问题,坚持在顽抗的国家中进行节制生育的宣传。如果不这样做,国际和平就无法保证。

所以,人口问题具有双重意义。我们必须防止人口增长过快,又必须防止人口减少。前者是老危险,在许多国家依然存在,诸如葡萄牙、西班牙、俄国和日本;后者是新危险,目前还只存在于西欧。如果美国只靠生育增加人口的话,那它也会出现人口减少的危险。不过,尽管美国本国人的出生率很低,移民却使它的人口有所增长。至少,增长速度是令人满意的。人口减少的新危险是我们祖先的思维方式所不能习惯的。道德说教和反对节育宣传的法律是对这些思维习惯的满足。然而正如统计资料所表明的那样,这些方法完全无济于事。避孕药物的使用已经成为一切文明国家普通行为的一部分,现在已经无法消除了。政府与重要人物在与性有关的问题上不能面对现实的习惯早已根深蒂固,我们不能指望这种现象会一下停止。但是,这是很不可取的习惯。我认为,我们或许可以对现在的年轻人寄予一些希望:当现在的年轻人身居要职的时候,他们在这个方面会比自己的父亲和祖父辈做得更好些,他们能坦率地承认使用避孕药物的必然性,也能坦率承认它的优点,只要避孕不会引起人口的实际减少。任何受人口实际减少威胁的国家,恰当的办法显然是试验性地减少家庭抚养孩子的经济负担,直至达到出生率保持在现有人口的水平为止。

关于这一点,现存的道德规范中还有一个方面待改变之后才会有益处。英国的妇女大约比男人要多200万,她们由于没有孩子而遭到法律与习俗的谴责。对她们中的许多人来说,这无疑是巨大的损失。如果习俗容忍未婚的母亲,使她们的经济条件过得去,毫无疑问,现在因独身而遭到指责的许多妇女都会有孩子。严格的一夫一妻制是以两性数目大体相等的假设为基础的。在两性数目不相等的地方,对那些被迫单身的人来说就显得相当残酷;而在有理由想提高出生率的地方,这种残酷性(公开和不公开的)都可能不会受到欢迎。

由于知识的增长,通过审慎的政府行动,越来越可能控制那些至今看来似乎是自然力的力量,而人口的增长就是其中的一种力量。由于基督教的传入,人口增长就成了本能的盲目行动。但是,必须对它慎重地加以控制的时代正在迅速到来。然而,就像前述国家对童年时期的控制一样,我们觉得,如果国家的干预有好处的话,就应该是国际性国家的干预,而不是目前相互角逐的军国主义国家的干预。

第十八章

# 优 生

优生学是以慎重的方法，为达到改良物种的生物特性而作出的努力。优生学的思想基础是达尔文学说。事有凑巧，优生学会的主席正是查尔斯·达尔文的儿子。但是，优生学思想更直接的先驱是弗兰西斯·高尔顿[①]，他十分强调人类成就中的遗传因素。现在，尤其在美国，遗传已经成了一个学术派别问题。美国的保守派认为，成年人的成形性格主要是因为先天特性的影响；而激进派却持相反的观点，认为是教育决定了性格而遗传并不起作用。这两种极端看法我都不能赞同，也不赞同使他们产生这两种对立偏见的前提，即意大利人、南部的斯拉夫人等作为成人，都比出生在美国的三 K 党人低劣。至今还没有资料可以确定，人类的智能中哪部分是由于遗传而哪部分又是由于教育形

①弗兰西斯·高尔顿(1822~1911)：英国人类学家。——中译注

成的。如果要科学地确定这个问题,有必要用成千双同卵双胞胎做试验。从出生起就把他们分开,尽可能以不同方式教育他们,但目前这种试验还不现实。我承认我自己的看法并不科学,仅仅是以印象为基础的,这就是:坏教育能够毁掉任何人。事实上,几乎每个人的情况都是这样,只有具有一定天赋才能的人才能在各个方面取得突出的成就。我不相信任何程度的教育能把普通的孩子变成一流的钢琴家,或世界上最好的学校能把我们都变成爱因斯坦;也不相信拿破仑在布里昂的时候天资就不比同学高,只是坐在家里看母亲伺候几个桀骜不驯的儿子就学会了战略。我确信,在这种情况下,或者在所有不那么重要的情况下,都存在着一种天赋才能,使教育比一般教材能产生更佳的效果。要说明这个结论的确有明显的事实,例如人们一般都能从一个人的头形判断他是聪明还是愚笨,这根本就不能看作教育所给予的特点。那么,我们再来看看另一个极端:白痴、低能和意志薄弱。就连优生学最疯狂的反对者都不可否认,至少在大多数情况下,白痴都是先天性的;而对于任何对统计对称性有感情的人来说,这意味着另一方面具有反常能力的人也有相应的比例。所以,我马上可以设想,人的先天智力是有区别的;也可以设想(也许不太有把握),聪明人比蠢人更可取。只要这两点得到承认,对优生学家来说也就打下了基础。所以,无论我们对某些优生学拥护者的一些细节有何种想法,都决不能藐视优生学的整个立场。

关于优生学问题的胡说八道的文章简直是太多了。大多数优生学拥护者为正确的生物学基础加上了性质不甚明确的社会学的见解,诸如美德与收入成正比例,贫苦的遗传(我的天,太常见了!)是生物现象而不是法律现象等。照此看来,如果我们能够劝导富人而不是穷人生育的话,那大家都会成为富翁。于是,他们对穷人生的孩子比富人多感到大惊小怪。我自己不会对此非常遗憾,因为我看不到富人到底在哪方面比穷人优良的证据。即使是遗憾吧,严重的遗憾也无关大局,因为事实上也只是滞后几年的问题。穷人的出生率也在下降,现在的出生率已经和 9 年前富人的出生率一样低了。[①] 确实,有些因素导致了不受欢迎的出生率有所上升。例如,当政府和警察当局制造困难阻挠人们获得节育知识时,其结果除了使智力低于一定水平的人无法获得节育知识外,政府对其他人的努力也不成功。因此,这就导致了蠢人的家庭比聪明人的家庭人口多的后果。然而,这似乎是非常暂时的因素——因为就连最愚蠢的人不久都会了解节育知识——或者恐怕也是当局的愚民

①见沃尔夫:《新的性道德和当今的生育问题》,1928 年,第 165~167 页。

政策可以容忍的普遍结果,它将会发现人们乐于进行流产了。①

优生有正优生和负优生两类。前者鼓励优良血统,后者阻拦劣等血统。当前,负优生更为可行,在美国的某些州确实已取得很大的进展。而且,让不适宜怀孕的人绝育,这在英国也是现实政治力所能及的事。我相信,没有理由反对人们能自然感觉到的这种措施。大家都知道,低能妇女容易生许多非法孩子,总的说来,这些孩子对社会完全没有价值。如果让这些妇女都绝育的话,她们自己也会更幸福,因为她们怀孕并非出于任何对子女的情感冲动。当然,这也适用于低能的男人。由于当局很可能把不平常的看法或反对他们的不同意见当作低能的表现,因此这种制度中确实也存在严重的危险。不过,尽管有这种危险,可能也是值得的,因为显而易见,通过这些措施,可以大大减少白痴、愚笨和低能者的数量。

我认为,绝育应该明确限定于智力有缺陷的人。我不赞成爱达荷州允许“智力不健全、癫痫病人、习惯性罪犯、道德堕落者、性变态者”绝育。这里的后两条标准很模糊,在不同的地区会有不同的确定标准。爱达荷州的法律本该证

①沃尔夫认为,在德国的死亡率下降中,流产起的作用比避孕大。他估计目前德国的人工流产每年有600,000例;估计英国的数字比较困难,因为小产未作登记。但有理由认为,情况也与德国差不多。

明苏格拉底、柏拉图、米利叶·凯撒和圣·保罗所说的绝育是正确的。何况习惯性罪犯很可能是某种功能性神经失常造成的,至少在理论上还可以用精神分析法治疗,而且很可能不会遗传。英美两国对这种问题的法律都是在无视精神分析疗法的情况下制定的。因此,他们只是根据显示出来的多少有些相似的症状,把不同的精神失常完全扯在一起。很显然,和当前最好的认识相比,他们的看法落后了大约30年。这说明,在科学尚未对这些至少几十年来一直未引起争论的问题得出可靠的结论之前就立法,是非常危险的事。不然的话,法律就将体现错误的观念,从而得到法官们的青睐,大大阻碍好观点的实际应用。我认为,目前只能将智力缺陷定为不能生育的理由,才能保证这方面的法律制定正确无误,因为智力缺陷能够用客观的方法加以确定。关于这个问题当局是不会同意的。例如道德堕落就是个看法问题。对同一个人,有人可能认为他是道德堕落者,而另一个人又可能认为他是个先知。我不是说,将来某个时候应该把法律扩大,而只是说我们当前的科学知识还不足以达到这个目的。所以,一个社会容许把道德败坏蒙上科学的假面具,这是十分危险的事。美国各州的情况就正是这样。

现在来谈正优生。正优生可能更为有趣,虽然至今还是属于未来的事。正优生就是鼓励优良的父母多生孩子。

当前,一般情况仍与此完全相反。例如,小学里智力超常的孩子将升入专业班,因此可能 30 岁或者 35 岁才结婚;而原来班上智力平常的人大约 25 岁就结婚了。在专业班中,教育费是沉重的负担,因此严重限制了他们的家庭。他们的平均智力可能略高于大多数其他班的人,所以这种限制令人遗憾。对付这种情况的最简单方法应该是让他们一直到上大学都接受免费教育,并且包括他们的孩子在内。广义地说,就是应该根据父母的情况而不是孩子的情况发奖学金,这刚好对消除死记硬背与功课过重的情况也有好处。目前,欧洲大多数年轻人在年满 21 岁之前由于上述情况而过度紧张,致使智力和身体都受到了损害。但是,在英国或美国,要政府采取真正有效的措施使专业人员都有众多子女的家庭,这可能办不到。问题在于民主精神。优生学的思想基础在于人并不平等的设想;而民主精神却正好相反,其思想基础是人人平等。因此,从政治上讲,当优生学思想已经形成时,想在民主社会里得到实行非常困难。这倒不是因为有少数像低能者那样的劣种人存在,而是说要承认有少数高能人存在。多数人对存在有少数低能者的说法是欢迎的,但并不欢迎有少数高能人的说法。因此,体现前者事实的措施能得到大多数人的支持,但体现后者的措施就不行了。

然而,任何考虑过这个问题的人都知道,尽管目前可能难以确定谁有最优秀的血统,但血统有差别并且可望不久科学就能够加以测量,这一点却是毫无疑义的。想想如果叫一个农民必须对他所有的小公牛都一视同仁,他会是怎样的感情!事实上,作为下一代祖先的公牛,它是主人根据它的雌性祖先的产奶量而精挑细选的(我们顺便可以注意到,因为牛不知道科学、艺术和战争,突出的功绩便只归于雌性,而雄性最多也不过是雌性优点的传输者而已)。所有的家畜通过科学育种已经大大得到了改良。用同样的方法使人类按任何要求得到改变的问题,目前还不得而知。当然,要决定我们对人的要求是什么,这要困难得多。如果我们培育人的体力,就可能降低他们的智力;如果培养智力,又可能使他们更容易染上各种疾病。要是我们力图造成感情平衡,又可能断送了艺术。关于这些问题,眼下还没有必需的知识。因此,目前在正优生学方面要大动干戈并不可取。但是,在以后的几百年里,当遗传科学与生物化学取得巨大进展的时候,完全可能培育出大家都承认的、比现存任何人种都更优良的人种。

不过,使用这种科学知识将要求家庭发生剧烈的变化,且远比本书探讨的任何其他问题所要求发生的变化都更为激烈。如果要彻底进行科学生育,就必须在每一代人中留出约2%至3%的男性和约25%的女性进行生育。大概将在他们的青春期时对他们进行检查,检查的结果将让所有不合格的候选人绝育。父亲和后代的联系与现在的公牛或种马差不多;而母亲将成为专门职业者,生活方式上不同于其他的妇女。我并不是说这种状态将会出现,更不是说我希望出现这种状态,因为我承认,我自己发觉这种状态非常令人反感。不过,如果客观地考查这个问题也能发现,这样的计划可能产生突出的结果。为了论点的缘故,我们假设日本实行了这一计划。三代人之后,大多数日本人都像爱因斯坦一样聪明,像职业拳击家一样强壮。但同时,如果世界上别的国家仍然听其自然发展,战争中他们就根本不能与日本对抗了。无疑,日本人达到这种程度之后将设法雇佣外国人当兵,并依靠自己的科学技术取胜。他们能够取胜,这一点是相当肯定的。在这种制度下,向青年灌输盲目忠于国家的观点是非常容易的。这种发展又有谁能说将来不可能发生呢?

还有一种深受某些政治家与宣传人员欢迎的优生学,我们可以把它叫作种族优生学。这种优生学的鼓吹者认为,种族优生学只能存在于竞争之中,即一个种族或一个民族(那些作者当然属于这种民族)大大优秀于其他所有种族或民族,就应该使用武力以牺牲劣等民族为手段来增加自己的数量。最值得注意的例子是美国的北欧人的宣传,他们在移民法中成功赢得了立法机构的承认。这种优生学可以求助于达尔文的适者生存原理,然而令人奇怪的是,种族优生学最热烈的鼓吹者竟是那些认为应把达尔文学说视为非法的人。与种族优生学联系紧密的政治宣传多半不受欢迎。不过，让我们忘记这一点，根据事实来检查这个问题。

在极端状况下，一个种族对另一个种族的优势几乎不可怀疑。北美、澳大利亚和新西兰对世界文明的贡献当然比那些地区假如仍然由土著人居住时大。热带地区的劳动离不开黑人，总的来说，虽然黑人与白人相比处于劣势，但是他们在热带地区的劳动却是不可缺少的。所以，除了人道主义的考虑外，黑人的灭绝将是很不可取的。但是，当欧洲开始种族歧视的时候，人们为了支持政治偏见不得不引入大量的坏科学。不过，我看不出有任何正当的理由认为黄色种族在任何一点上劣于我们自己的高贵种族。在所有这些情况下，种族优生学不过是沙文主义的借口而已。

朱利叶斯·沃尔夫提出了有统计数字的所有主要国家里每一千人中出生率超过死亡率的表格。法国最低(1.3)，美国(4.0)次之，然后是瑞典(5.8)、英属印度①(5.9)、瑞士(6.2)、英国(6.2)、德国(7.8)、意大利(10.9)、日本(14.6)、俄国(19.5)，厄瓜多尔(23.1)名列世界之冠。中国未列在表上，因为不知事实如何。沃尔夫

①英属印度于1947年后分属印度及巴基斯坦。——中译注

的结论是,西方世界将被东方世界,即被俄国、中国和日本压倒。我不想通过把全部信心寄托在厄瓜多尔的统计数字上来反驳他的论点,相反,我还要以他的数字来说明伦敦富人与穷人之间的相对出生率。现在伦敦穷人的出生率已经比富人几年前的数字低了,东方的情况也是一样。当东方变得西方化的时候,它的出生率不可避免地会下降。一个国家如果不能工业化,从军事意义上说就无法变得令人生畏,但工业化却会随之带来限制家庭的意识形态。因此,这就迫使我们得出如下结论:即使发生了如西方沙文主义者(追随前德国皇帝)所公开承认感到恐惧的东方优势,也不会造成严重的灾祸。而且,那种认为东方优势将会发生的说法,并没有任何有力的理由。不过,在没有一个国际权威来指定允许各个国家的人口增长额之前,战争贩子们还将会继续利用这个怪论的。

像前两种可能一样,这里我们又再次面临着人类面临的危险:虽然科学进步,但国际无政府状态却在继续。科学使我们能实现自己的目的,但如果目的不良,结果便是灾难。如果世界仍然充满恶意与仇恨,那么科学越进步,世界就变得越可怕。因此,人类进步的关键问题之一就是要减少这些感情中的敌意,而这些敌意很大程度上又是错误的性道德和有害的性教育造成的。为了文明的未来,少不了一种新的、更好的性道德。正是这一事实,使性道德的改造成了我们时代的一种重大需要。

从个人道德的观念看,如果性道德是科学而不迷信的话,首先就得与优生学的目的相适应。就是说,无论对现在的性交限制可能会如何放松,认真的男女都不能不在十分慎重地考虑了自己后代可能的价值之后才开始生儿育女。避孕药物已经使做父母成为自愿的事,而不再是性交的自动结果了。由于我们前几章探讨过的各种经济原因,将来的父亲在孩子的教育与抚养问题上的作用可能没有以前那么重要。因此,妇女并没有什么特别的理由要选择她喜欢的情人或伴侣做自己孩子的父亲。将来的妇女用不着牺牲任何幸福就能从优生学的角度出发,为孩子选择父亲;同时,在与普通的性伴侣相处中又能让自己的感情自由驰骋。这样一来,男人要选择孩子们喜欢的母亲就更容易了。那些和我一样认为性行为只在涉及孩子的时候才与社会有关的人,必须从这个前提出发就未来的性道德得出两个方面的结论:一方面,除开孩子而外,爱情应该是自由的;但另一方面,生儿育女必须是一件远远比现在更应仔细地从道德因素来加以考虑的事。但是,那种道德因素将和迄今公认的道德因素有所不同。为了可以把一定情况下的生育看成美好的事,将不必再由牧师来念念有词或者由登记员来草拟一纸文件。必须考虑的是,特定的男人和女人本身,以及他们传播的遗传因素应该有可能生育出合意的孩子。当科学能够对这个问题做出比现在更为肯定的判断时，从优生学观点出发，社会的道德观点也就可能变得更为严格了。人们可能热烈地追求具有最佳遗传性的男人做父亲；而其他男人作为情人也许可以接受，但他们想做父亲时却可能遭到拒绝。由于流传至今的婚姻习俗已经使任何这样的方案与人类本性背道而驰，因此，人们也认为遗传学的现实可能性非常有限。但是，没有任何理由认为人类本性在将来仍会引起相似的障碍，因为如避孕正在把生育与无孩子的性关系分离开来，将来，父亲和孩子可能也不会有以前曾经有过的那种个人关系了。如果世界的道德变得更为科学化，那么道德家们以前赋予婚姻的那种严肃性和高尚的社会目的将只适用于生育。

优生学观点虽然肯定以某些不平常的科学家的个人道德开始，但是却可能传播得越来越广，直至在法律上得到体现。其形式可能是给合适的父母以经济报偿，对不合适的父母予以罚款。

毋庸置疑，让科学来干涉我们隐秘的个人冲动实在令人生厌，但是，这种干涉比多少世纪以来人们忍受的宗教的干涉却少得多。科学是世界上的新事物，由于传统和宗教对我们大部分人的早期影响，科学还没有达到像传统与宗教那样的权威。但是，它完全能够获得那样的权威，并完全能够被人们默默地接受。人们对宗教箴言的态度也是这样的。的确,后代的幸福决不足以促使普通人在大动感情的时刻控制自己。但是,如果这一点成了公认道德的一部分——不仅受到称赞与谴责的约束,而且受到经济奖励与罚款的约束——那么,它很快就会得到承认。任何品行端正的人都不能漠然视之,都不得不对其加以考虑。有史以来就有了宗教,而科学存在于世几乎才只有400年。但是,当科学变得年高德劭的时候,它也会像宗教那样操纵我们的生活。我预料,到了那时候,一切喜欢人类精神自由的人都将不得不奋起反抗科学暴政。然而,假如真的会出现暴政的话,最好还是以科学的暴政为好。

第十九章

# 性与个人幸福

本章中,我想扼要地再来谈谈前几章谈过的关于性与性道德对个人幸福与个人健康的影响。在这个问题上我们关心的并不是积极的性生活阶段,也不是实际的性关系。性道德以各种方式,根据环境的不同对童年、青年,甚至老年都发生着好的或坏的影响。

在儿童期,传统道德是以强加某些禁忌开始发生影响的。儿童还在很小的时候,人们就告诉他们,当着大人的面不要摸身体的某些部分;并且教育他们,想排泄的时候要低声地告诉大人,排泄时要避开别人。然而,对身体的某些部分以及某些有特别意义的行为,孩子往往并不容易理解,这便引起了他们的好奇心和特殊的兴趣。对某些费解的问题,例如婴儿是从哪里来的,他们往往只好自己去思索,因为大人的回答要么闪烁其词,要么一听就是假的。我认识一些年龄不大的人,他们在婴儿期时,曾被人发现在触摸自己身体的某些部分，于是大人极其严肃地对他们说："我宁可看见你死也不愿意看见你这么搞。"我遗憾地说，这样培养孩子道德对其以后生活的影响，也常常不是传统的道德家们所希望的那样。对他们进行威胁的情况并不鲜见。也许不像以前常常用阉割恐吓孩子那么普遍，但人们认为以精神病恐吓孩子仍然是很正当的。事实上，在纽约州，如果不告诉孩子这样做有危险，是违法的——除非孩子已经知道了。这样教育的结果造成大多数孩子很小的时候就对与性问题有联系的事产生了一种深刻的犯罪感与恐惧感。性与犯罪和恐惧的混合深刻地印在孩子心上，以至几乎或者完全成了无意识。我但愿能在那些自信已经从这种幼儿园故事中解放出来了的男人中进行一次统计调查，看他们在暴风雨时是否和在任何其他时候一样愿意与人私通。我相信99%的人内心深处都会认为，要是他们那么干了的话一定会遭雷击。

形式比较温和的虐待狂与受虐狂虽然属于正常情况，但如果以恶劣形式表现出来时，却往往是与性犯罪感相联系的。受虐者是在与性有关的问题上有强烈犯罪感的男人，而虐待者则更加意识到女人是妖妇的罪恶。后来生活中的这些影响，说明儿童时期不正当的、严厉的道德教育所造成的早期印象是多么的深刻。与儿童教育有关的人，特别是与儿童的早期照管有关的人，对这个问题正变得开明起来。但不幸的是,这种开明尚未扩大到法庭。童年和青年构成了这样一段生活时期——在这段时期内,胡闹、顽皮,以及违禁行为只要不过分,都是自然、自发而又令人悔恨的。但是,由于成年人对违犯性禁律的态度与违犯其他规则的态度迥然不同,孩子就觉得违犯性禁律的问题完全属于另一类问题了。要是孩子从柜子里偷了水果可能使你生气,你也许会狠狠地骂他一顿,但不会令他在道德上产生恐惧,也不会使他感到发生了什么可怕的事。相反,要是你是个旧派的人,一旦发现孩子手淫,你的声音里就会有一种孩子在任何其他情况下从没听过的语气。这种语气产生了令人沮丧的恐怖感,因为孩子发觉引起你责备的手淫行为可能已无法戒除,恐怖感一下子会更为严重。你的严肃性使孩子深深相信手淫就像你所说的那么坏。然而,他却继续手淫,由此便种下了可能会贯穿他一生的病态的根子。从很小开始,他就认为自己是个罪人了,不久,他开始暗中犯罪。由于无人知晓,他得到了一种不完全的安慰。由于深感不幸,他就力图惩罚那些隐藏同样的罪过甚至连他自己也不如的人,以便在这个世界上为自己报仇。因为在孩提时代已习惯于欺骗,他发觉,在后来的生活中故伎重演也十分容易。因此,由于父母的不明智之举——尽管他们想使他成为他们所认为的道德者——结果反而使他成了病态而内向的伪君子和虐待狂。

支配孩子生活的根本不应该是罪过、羞耻与恐惧。孩子们应该欢乐愉快、无忧无虑,他们不应该为自己的冲动而害怕,不应该从自然现象的探索中退缩,不应该把自己的一切本能生活隐藏在黑暗之中,不应该把无意识的冲动深深掩埋起来——这种冲动即使任其发挥也不致杀人行凶。他们如果要成长为正直的男人和女人,就必须在理智上诚实坦荡,在社会上无所畏惧,在行动上生气勃勃,在思想上宽容大度。因此,我们必须从他们一出生就开始训练,这样才可能取得这些结果。人们根据对舞熊的训练类推,过分地考虑了教育的作用。大家都知道该怎样对舞熊进行训练的:把它们放在发烫的地板上,如果舞熊站着不动就会烫伤脚趾。于是舞熊被迫不停地跳,与此同时对它们放某种音乐。一段时期之后,即使不用烫地板,音乐也足以使它们跳舞了。孩子的情况也是这样。当孩子意识到自己的性器官时,大人便责骂他们。最后,这样的意识就会使他们想到大人的责骂,从而迫使他们合着音乐起舞——也就是合着完全毁灭了健康幸福的性生活的一切可能性的曲调而起舞了。

下一个阶段,即青春期,对待性问题的传统处理办法引起的不幸比童年期更严重。许多男孩子根本不知道自己发生了什么变化,第一次梦遗就把他们吓呆了。他们发觉自己浑身洋溢着那种教育认为的极端邪恶的冲动。这些冲动如此强烈，以致无论白天夜晚都使他们走火入魔。在较好一些的男孩子中，他们同时还有对于美与诗，对于理想爱情的极端理想主义，然而这又被认为是与性完全无关的东西。由于基督教义中的摩尼教因素，我们在青春期的理想主义冲动与肉欲冲动容易完全分裂地存在，甚至互不相容。关于这一点，我可以举一个理智的朋友的自白为例。他说："我相信，我自己的青春期典型地以十分突出的形式显示出了这种分裂。白天我要读好几个小时雪莱的诗，并且感伤不已：

飞蛾望明星，
暗夜望清晨。

后来我突然又想离开崇高的境界，偷偷摸摸地去瞟一眼脱衣的女仆。后一种冲动使我羞愧难当；前一种冲动当然有种愚蠢的因素，因为这种冲动中的理想主义仍然是对性的愚蠢的恐惧。"

众所周知，青春期是神经错乱发生率很高的时期，而当人们在其他所有时期神经正常的时候，很可能与此完全相反。米德小姐在她写的《萨摩亚人的成年》一书中，说萨摩亚岛上根本没有青春期错乱者。她把这归功于岛上普遍的性自由，但是，这种性自由已多少受到传教活动的限制了。

她询问过一些住在传教士家的姑娘,青春期时她们只能手淫或搞同性恋,而住在别的地方的人则发生异性性行为。在这方面,我们最有名的男生学校和萨摩亚的传教士家并非完全没有相似之处。然而这种行为在萨摩亚并没有造成有害的心理影响,相反对英国的男学生却可能是灾难性的,因为英国的男学生心中可能尊重传统的学说,而萨摩亚人则只是把传教士看成有特殊情趣、必须迁就的白人。

许多年轻人成年初期在性方面都经历过一种完全不必要的苦恼与困难。如果一个小伙子想保持童男的纯洁,困难的克制可能使他变得胆小拘谨。当他最后结了婚时,可能除了粗暴突然的方式外,就打不破过去许多年养成的自我克制,而这会使他无法把自己的妻子当作爱人。如果他去与妓女厮混,那么,青春期就已开始的爱情在肉体与理想主义之间的分裂也就永久化了。从此之后,他和妇女的关系要么就是柏拉图式的,要么就像他自己认为的那样是堕落的。此外,还有性病的严重危险。要是他与本阶层的姑娘发生关系,危害就要小得多。但即使这样,保密的需要仍然有害处,而且会影响稳定关系的发展。由于势利或者由于结了婚应该马上生孩子的信念,一个人年纪轻轻要结婚就很困难了。而且,在离婚很困难的地方,早早结婚也很危险,因为两个 20 岁时互相满意的人到了 30 岁很可能又不满意了。对许多人来说,在他们没有经历某种丰富的体验之前,只和一个配偶保持稳定的关系是不容易的。要是我们的性观点明智的话,应该希望大学生们经历短时期不生孩子的婚姻生活。这样,他们就会从目前严重干扰学习的性沉迷中解脱出来。他们将获得异性体验,作为生儿育女的严肃婚姻的序曲,这样的体验是可取的。如果真的能这样,他们就能自由自在地去体验爱情,没有躲避,没有隐瞒,也没有性病的恐惧;而目前,这些伴随着爱情的忧虑阻碍了年轻人的冒险活动。

就目前的情况看,对于大量必须长期处于未婚状态的女性来说,传统道德是令人痛苦的,而且在大多数情况下还是有害的。和大家都以为的一样,我也一直以为,具有严格传统道德的未婚女性从任何可能的观点来看都受到了最高的赞美。但我想,一般的规律却与此相反。那些没有性经验并认为保持贞洁至关重要的女性,总要受到带有恐惧色彩的消极反应的约束,因此她们通常都变得胆小羞怯。同时,因为不赞成正常人的行为,她们充满了本能的、无意识的妒忌。对那些享受着她们已经放弃了的乐趣的人们,她们会产生一种想惩罚他们的愿望。思想上的胆怯是长期处女生活造成的特别普遍的后果。我们确实倾向于认为,女性思想上至今存在的这种自卑感,主要是由于性恐惧对她们好奇心的抑制造成的。没有什么合适的理由可以说明那些找不到丈夫的女性应该饱受终生都是处女的不幸和生命的浪费。目前这种必然会随时发生的情况,在婚姻制度建立的初期没有得到仔细的考虑,因为那时候两性的数目大体平衡。无疑,许多国家由于大量妇女过剩,于是为修改传统的道德规范提出了非常严肃的理由。

由于传统道德规范的刻板僵化,作为传统所容许的性发泄方法的婚姻,本身也受到了损害。儿童时期获得的变态心理、男人与妓女的经验、为了保持女性贞洁而向年轻女人灌输的性反感态度等,通通都会妨碍婚姻的幸福。

一个教养良好而性冲动又强烈的姑娘被人追求时,将无法区分真正的志趣相投与纯粹的性吸引之间的差别。她可能轻易地与第一个唤醒她性意识的男人结婚,而当性饥饿一旦满足,发觉自己与他已不再有任何共同之处时却为时晚矣。他们两人在受教育的过程中就已完全定型,一方面养成了她在性接近中的过分胆怯,而另一方面他又显得过分突然。两人都没有性常识,不知道每个人都会(而且很常见)遭到最初的失败。由于这种无知,使两人婚后一直无法达到性的满足;此外,也难达到身心上的伴侣关系。女人不习惯于自由谈论性问题;而男人除了与男人和妓女自由谈论之外,对此也不习惯。涉及彼此生活中最隐秘、最关键的问题时,他们便羞羞答答,尴尴尬尬,甚至完全缄口无言。妻子可能心中歉然,夜不能寐,根本不知道自己需要什么。丈夫开始可能有突然的被抛弃感,但逐渐变得越来越急切,甚至觉得连妓女给予自己的都比合法的妻子给予的更为慷慨。这时,妻子的冷漠使他生气,但她也许因为他不知道如何激发自己而正感到难受呢。所有这些痛苦都源于我们的沉默与正人君子政策。

从儿童期到青春期,从青春期直至结婚,上述所有这些方式致使旧道德得以毒害爱情,使爱情充满了阴郁、恐惧、误解、悔恨与神经紧张的气氛,并且被分成了性的肉体冲动与理想爱情的精神冲动两部分。同时,还使得一个人饥渴难耐而另一个人又空守春闺。肉体和精神在本性上不应该处于对抗状态,任何一方和另一方都没有水火不容的东西。一方如果不和对方和睦相处,双方便都无法达到完美的境地。处于最佳状态的男女之爱是无拘无束、无所畏惧的,肉体和精神都处于平等地位——因为有生理基础就不必害怕把爱情理想化,同时生理基础会干扰理想化爱情的担心也大可不必。爱情应该是一棵深深扎根于土地的大树,但它的枝干却伸向天空。然而,如果受到各种禁忌和迷信恐惧的限制,受到谴责语言和恐怖沉默的桎梏,爱情之树就无法成长,无法长得枝繁叶茂。男女之爱和父母与孩子之爱,是人类感情生活的两大中心因素。传统道德在贬黜一种爱时,又自以为是地抬高另一种爱。但事实上,如果父母之间的爱恶化了,也就损害了父母对孩子的爱。孩子是欢乐与相互满足的果实,父母可以用更为健康、更为强烈的方式爱他们,可以用与本性更为一致的、更为简单直接的、更为动物性然而更为无私、更为富有成果的方式去爱他们;而不应该以饥饿而贪婪的方式去向柔弱无助的孩子索取在婚姻中没有得到的某些营养——因为父母这样做将会扭曲孩子幼小的心灵,并将为下一代人同样的苦恼打下基础。害怕爱就是害怕生活,而害怕生活的人则可以说是行尸走肉,枯木朽树。

第二十章

# 性在人类价值中的地位

那些认为不应该提到性问题的人,总是谴责描写性主题的作家过分沉溺于性问题。人们认为,作家不应该受到假装正经的好色之徒这样的指责,除非他对性问题的兴趣超过了性问题本身的重要性。但是,这只是那些提倡改变传统道德的人们的观点。那些大声疾呼要取缔卖淫,维护法律,名义上反对逼良为娼,实际上反对一切自愿的体面的婚外关系的人,那些斥责妇女穿短裙、抹口红的人,以及那些窥视海滩想发现身着不得体泳装的人,都没有被认为是性沉迷的受害者。但事实上,他们这样做可能比提倡更大的性自由的人更深地遭受性沉迷的毒害。对色欲感情而言,严厉的道德一般是一种反向作用。宣扬这种道德的人总是充满了低级庸俗的想法——并非仅仅因为这些想法有性内容而低级庸俗,而是这种道德使思想家不能清晰地、完整地思考性的问题。我的看法与教会完全一致,认为沉迷于性问题是件坏事。但是,教会认为最佳办法是回避这件坏事,这一点我又不敢苟同。众人皆知,圣·安东尼比任何最好色的人都更沉迷于性。为了不使人不快,我就不再举现在的例子了。性和食物与水一样是一种自然需要。我们谴责暴食者和嗜酒狂,是因为在生活中本应合理的饮酒与饮食,却在其思想和情感上占据了过分大的位置,但我们并不责备一个人对数量合理的食物的正常而健康的享受。苦行主义者其实也是这样,他们认为应该把营养减少到能够生存的最低点,但现在这已不是普遍的观点,可以不予考虑。清教徒在决心回避性享乐的同时,却变得比普通人更加意识到口腹之乐。就像 17 世纪一位清教主义批评家说的一样:

你要享受夜晚之欢与饮食之乐么?
那就必须与罪人同宿、与圣徒搭伙。

所以,由此看来,清教徒似乎在抑制人类本性中纯肉体的部分方面做得并不成功,因为他们把从性方面拿开的那部分又加到暴饮暴食上去了。天主教把暴食当成七大重罪之一,但丁也把饕餮者置于更深的地狱之中。但饕餮之罪又总有点模糊,因为很难说清口腹之乐在什么程度是合法的,超过什么限度就算犯罪。吃没有营养的东西是不是坏事？如果是坏事，那我们每吃一颗咸杏仁都有被罚入地狱的危险。然而这种观点已经过时了。当我们看见谁暴饮暴食时都知道他是贪食者，虽然他可能受到几分鄙视，但却不会受到严厉的责备。尽管如此，没有受过衣食之苦的人过分贪吃的情况却是少见的。大多数人进餐之后，在下次进餐前心里都想着其他事情。另一方面，奉行苦行主义人生观的人，除了最基本的食物外已失去了一切，他又陷入盛宴的幻想与梦见拿甘美水果的魔鬼的梦境之中。处境艰难，可怜到以鲸脂为食的南极探险家，整日盘算着回家时将在卡尔顿大饭店美餐一顿。

这些事实说明，哪怕性不会成为一种迷惑，也会被道德家像对待食物那样来对待，而且不会像底贝德的隐士们一样对食物持有那样的态度。性像食物和水那样是人类的自然需要。当然，如果没有性，人也能生存；然而没有食物和水，人却活不下去。但从心理学角度来看，人对性的欲望却完全与对食物和水的欲望相似。人对性的欲望由于禁欲会大大增强，由于满足会暂时得到减轻。一个人的性欲望急迫时，他会将世界上其余的一切都排除在精神领域之外，而其余的一切兴趣都将暂时褪色。他一方面可能进行性行为，但后来他又可能会认为自己犯了疯狂的罪行。此外，性就像食物和水一样，受到禁止反而会大大激发人的欲望。我知道早餐时拒绝要苹果的孩子会径直进果园偷苹果，尽管早餐是熟透的苹果而偷的却是生苹果。我认为,有钱的美国人对酒的欲望比20年前要强烈得多,这是不可否认的事实。同样,基督教教义和基督教权威也大大刺激了人们对性的兴趣。因此,不再相信传统教义的第一代人必定会沉迷于性自由,其程度会大大超过某些人的预料,尽管这些人的性观点并未受过迷信学说的积极或消极的影响。只有性自由才能防止对性的过分沉迷。然而如果自由不成为习惯,不与性问题的明智教育相结合,性自由也不能产生这种效果。但是我想强调并重申一点,我认为过分注重性自由是种灾祸。而且,我认为这种灾祸在目前,特别是在美国广泛存在。严厉的道德家尤其如此,他们乐于展示性自由,并相信这是自己对手暴露出来的错误。饕餮者、淫荡者和禁欲者都是些自私自利的人。他们或者由于满足,或者由于克制而将眼光局限于一己私欲之内;而身心健康的人是不会那样兴趣专一于自身的。他会放眼世界,发现值得自己注意的目标。正如有些人想象的那样,专注于自我并非灵魂未得再生者们的自然状态,而几乎总是由于抑制某些自然冲动所带来的病态。一般说来,专注于性满足欲望的酒色之徒都是某种清苦生活导致的,正如囤积食物的人通常都是经历过饥荒或一段时间贫困生活的人一样。健康外向的男人和女人都不是因为抑制自然冲动,而是由于对幸福生活至关重要的一切冲动的平衡发展造就的。

我的意思并不是说，不应该有性道德，对性的自制不应该超过对食物的自制。关于食物就有 3 种限制，即法律的、方法的和健康的限制。我们认为偷食、暴食，以及可能引起疾病的进食都不对。在性问题上，相似的限制同样十分重要，然而对于性来说更要复杂得多，自我克制也要严重得多了。此外，因为人不应该拿别人的财产，偷窃的比拟并不是指私通，而是指强奸。显然，强奸是必须受到法律禁止的。健康问题几乎全都与性病有关，这个问题在谈卖淫问题时就已探讨过。除了药物之外，对付性病的最好办法就是减少职业卖淫，而减少职业卖淫的最有效的方法就是给近年来正在成长的年轻人以更大的自由。

全面的性道德不能仅仅把性当作自然的饥饿和可能的危险来源。这两点看法固然也重要，然而更重要的是要记住，性与人类生活中某些最重要的好的东西有关，首要的 3 种似乎是抒情诗般的爱情、婚姻幸福与艺术。关于前两者我们已经谈过了。关于艺术，有的人认为它是独立于性之外的东西，但坚持这种看法的人现在已经比以前少了。显然，每一种美学创造的冲动在心理上都与求爱有关，虽然那倒不一定很直接很明显，然而却很深刻。为了使性冲动能产生艺术的表现，必须要有一定的条件。首先必须要有艺术才能，然而艺术才能即使是在一定的种族内似乎也有时平常，有时非凡。因此可以肯定地说，与先天才能相比，环境对艺术冲动的发展起着重要的作用。环境必须给艺术家一定的自由，这种自由并不是给艺术家的报偿，而是那种不会迫使他或诱使他养成使他变为市侩的习惯。当尤利乌斯二世(Julius Ⅱ)①监禁米开朗基罗的时候，他并没有干涉米开朗基罗所需要的那种自由，而只是认为米开朗基罗是个重要人物，他不能容忍任何地位低于教皇的人对他有丝毫的冒犯。但是，当艺术家被迫向一个富有的赞助人或市议员磕头膜拜，使自己的作品适合他们的审美标准时，他就失去了艺术的自由；而当他因为害怕社会的、经济的迫害，被迫过无法容忍的婚姻生活时，也就失去了艺术创造所需要的活力。坚持传统道德的社会无法产生伟大的艺术。在那些传统道德的社会里，由像爱达荷人那样的人构成的社会将产生不出任何艺术。美国现在的艺术天才大多来自至今尚残存着自由的欧洲，但欧洲的美国化正使转而向黑人求得艺术天才成为必要。看来艺术的最后发源地如果不是在西藏高原的话，似乎就在上刚果(the uper Congo)的某个地方了。但是，艺术的最终灭绝已为时不远，因为美国准备滥施于外国艺术家的那种奖赏将不可避免地导致艺术的灭亡。过去的艺术有着大众基础，这种基础又在于对生活的

①教皇尤利乌斯二世曾强求米开朗基罗为西斯廷教堂天顶绘画和为其陵墓雕塑。——校注

乐趣,而对生活的乐趣反过来在一定程度上取决于对性的自发性。在那些只有工作而性受到压抑的地方,为工作而工作的信条决不会产生值得一做的工作。用不着对我说某某人收集有美国每天或者该说是每夜发生的性行为统计数,这个数字甚至至少和其他任何国家的人平均数一样大。我不知道事实是否如此,但我也完全不想推翻这个统计。传统道德危险的谬论之一,就是为了能更好地攻击性,甚至是把性贬低到性行为的地步。我从来没有听说过有哪一个文明人或者野蛮人仅仅因为性行为就能获得本能的满足。如果要使导致性行为的冲动得到满足,就必须有求爱,必须有爱情,必须有伴侣关系。没有这些条件,即使肉体的饥饿一时能得到缓和,但精神的饥饿却依然如故,并且无法获得深刻的满足。艺术家所需要的性自由是恋爱的自由,而不是那种对陌生的女人发泄以缓解身体需要的粗俗的自由;而恋爱自由首先就不是传统的道德家所能承认的。如果世界已被美国化,而艺术还要振兴的话,美国也有变化的必要。其道德家应该变得不那么道德,而不道德者则应该更为道德。总而言之,双方都应该承认性的更高价值,承认性的快乐价值高于银行户头价值的可能性。对旅游者来说,没有什么比在美国缺乏欢乐更令人痛苦的了。美国人的快活只是狂乱与狂饮,其实这只是一时的忘却,并非欢乐的自我表现。祖父辈在巴尔干或波兰村庄合着管乐起舞的人现在终日被束缚在办公桌前，在打字机、电话机中忙碌，认真重要然而毫无价值。晚上一脱身，他们跑去喝上一通，又进入了另一种喧闹的世界。他们认为自己是在寻找幸福，然而他们在寻找的只不过是疯狂地、不完全地忘却那种绝望的以钱赚钱的例行公事。这些钱又是为了用于其灵魂已被出卖而沦为奴隶的人的躯体。

我的意思决不是说我相信人类生活中最美好的东西都与性有关系。我也不认为实用科学、理论科学，或某些重要的社会和政治活动都与性有关系。使成人生活产生复杂欲望的冲动，几个头脑简单的首脑也可以处理。我觉得，除了自己所必需的东西之外，人类大部分行为的源泉就是权力①、性与父母的身份，其中权力又贯穿始终。孩子们因为只有很少的权力，便被想得到更多权力的欲望左右，他的大量活动确实也出自这一欲望。除此之外，占支配地位的其他欲望就是虚荣心——希望受赞扬，害怕受责备，害怕受漠视。正是虚荣心使他成了一个社会性的存在，给了他社会生活所必需的美德。理论上虽然虚荣心与性是相分离的，但实际上，虚荣心与性是紧紧交织在一起的动力。然而就我所知，权力与性却联系极小。正是对权力的爱，至少和虚荣心一样，促使小孩子做功课，增强肌肉。我认为可以把好

①原文为 Power，既指权力，又指力量。——校注

奇心和对知识的追求当作权力之爱的一部分。如果知识就是力量，那么对知识的爱就是对权力的爱。所以，除了生物学与生理学的若干分支外，必须认为科学是存在于性感情范围之外的东西。由于腓特烈二世皇帝已不在人世，下述看法只能是种假设。要是腓特烈二世还活着，无疑他会决定阉割一个杰出的数学家和一个杰出的作曲家，以便观察这样做对他们的工作分别会产生什么影响。我预料这对数学家的影响将微乎其微，而对作曲家的影响将相当大。既然对知识的追求是人类天性中极有价值的因素之一，如果我们是正确的话，人类活动的一个非常重要的方面就从性的统治下解脱出来了。

如果从最广义的意义上理解，那么权力也是大多数政治活动的动力。我不是说伟大的政治家对公共福利漠不关心，相反，我相信他会是一个父母的感情已经在脑中广泛扩散的人。但是，除非他对权力相当热爱，否则他将无法为取得政治事业成功作出必要的努力。我认识不少在国家事务中品格高尚的人，但是，如果他们不雄心勃勃，就很难有干劲达到崇高的目标。在某种关键时刻，亚伯拉罕·林肯曾对两个倔强的参议员说过："我是美利坚合众国的总统，拥有巨大的权力。"几乎无可置疑，林肯在宣传这一事实时感到了某种满足。在好与坏的所有政治中，经济动机与权力之爱是两种主要力量。我认为，想用弗洛伊德的方法来说明政治是一个错误。

如果我们至今所说的没有错,那么激发大多数最伟大的人物(艺术家除外)从事重要活动的动机都与性无关。要是这些活动要继续下去,要以更谦恭的形式变得普遍化,性问题就不能压制一个人的情感本性。了解世界和改造世界的欲望是世界进步的两大动力,没有这两大动力,人类社会就将停滞不前,或者向后倒退。太完美的幸福也可能造成学习知识和改造世界的冲动减退。当科布登①想征募约翰·布赖特②参加他的自由贸易战时,他的根据是布赖特正在经受妻子新逝的悲哀,这种悲哀具有个人的感染力。没有这种悲哀,布赖特对别人的悲哀可能就没有那么大的同情心。然而,许多人就是因为对现实世界的绝望而被迫放弃了追求;相反,对于一个有充分活力的人来说,痛苦则可能是很有价值的推动力。我不否认,如果我们都至幸至福,可能就不会再为更加幸福而努力了。但我不能承认人有任何责任使别人痛苦,以求获得可能极小的成果。痛苦在99%的情况下都只能把人压垮。最好相信,人能承受自然冲击的情况只占1%。只要有死亡就会有悲哀。只要有悲哀存在,尽管有少数人知道如何转化悲哀,但人也没有任何增加悲哀的责任。

---

①科布登(1804~1865):英国政治家和经济学家。——中译注

②约翰·布赖特(1811~1889):英国演说家及政治家。——中译注

第二十一章

# 结 语

在讨论过程中,我们已经得出了某些结论,有些是历史方面的,有些是伦理道德方面的。从历史方面来看,我们发现存在于文明社会的性道德出自两个完全不同的来源。一方面是想得到肯定的父权的愿望;另一方面是除了生儿育女的必要性外,把性看作邪恶行为的禁欲信念。道德在基督教以前的时期和一直到现在的远东,都只是想获得父权。印度和波斯是例外,这两个地区似乎是禁欲主义传播的中心。当然,在不知道男性在繁衍后代中有任何作用的落后种族里,并不存在想得到父权的欲望。在这些种族中,虽然男性妒忌对女性特权造成了一定的限制,但总的看来,妇女仍然比早期家长制社会自由得多。显然,过渡时期必定有不少摩擦。毫无疑问,很想成为自己孩子父亲的男人认为,必须限制妇女的自由。在这个阶段,性道德仅为妇女而存在。男人可能不会和已婚妇女私通,但他却有这种自由。

随着基督教的出现,避免犯罪的新动机也产生了。在理论上，道德标准变得对男女都一视同仁，虽然在实际中，把道德标准强加于男人的困难总是使人们对男人的过失比对女人的过失更宽容。早期的性道德有着明显的生物目的，即保证下一代在年幼时能得到父母双方而不只是一方的保护。虽然基督教在实践中没有忽略这一目的，然而基督教理论却把它忽视了。

到了近代，性道德中基督教的部分与基督教以前的部分都已经出现了发生变化的迹象。由于正统宗教观念的衰败，以及仍然信奉正统观念的人信仰热情的降低，基督教的性道德已不再坚持以前的看法。近百年间出生的男人和女人虽然还无意识地倾向于保留旧看法，但大部分已不是有意识地相信像私通这样的行为是犯罪的了。至于性道德中基督教以前的部分，已经被一种因素修改了，而在这个过程中又正被另外的因素改变着。其中首要的因素就是避孕药物的使用，这使得防止性交怀孕的可能性越来越大，从而使未婚妇女完全可以不生孩子。如果是已婚妇女，则可以只要自己丈夫的孩子，在任何一种情况下都不必非得感到是贞洁的女人才行。因为避孕药物并不完全可靠，因此这个过程尚未完成。但我觉得，人们可以想象，这一过程的完成并不会是很遥远的事。到了那时候，即使容许妇女有婚外性行为，也有可能使父权得到保证了。可以说，女人们在这个问题上可以欺骗自己的丈夫，但是，毕竟从很早以来妇女就能欺骗丈夫了。如果问题仅仅是谁当父亲,那么欺骗的动机就远远不如是否要和她热烈相爱的男人性交的动机强烈。因此人们可以设想,关于父权的欺骗虽然时有发生,但并不像以前关于私通的欺骗那样经常发生。而且,通过新的习惯,丈夫们的妒忌也能适应新的形势,而且只是在妻子想选择其他的男人做孩子的父亲时才产生。这种情况也决不是不可能发生的。对于宦官的自由权,东方的男人总是持容忍态度,而欧洲的丈夫们却会感到愤慨。前者之所以容忍,是因为宦官们无疑引进了父权问题。这样的容忍可以轻易地扩大到随着避孕药的使用而产生的自由权。

所以用不着像以前那样大力要求妇女节欲,因为双亲制家庭将来仍然可以存在。然而,产生于性道德的、正在变化的第二个因素却可能有更深远的影响,这就是国家在孩子的抚养与教育中所起的作用越来越大。迄今为止,这一因素在欧洲起的作用比在美洲大,并主要影响着工薪阶级。工薪阶级毕竟占人口的大多数,因此,目前正在有关地区发生的国家取代父亲作用的状况,很有可能最终将扩大到全体居民中去。动物家庭和人类家庭一样,父亲的作用是保护家庭,供养家庭。但在文明社会,警察已起到了保护家庭的作用,而供养家庭的重任却可能完全由国家来承担。至少,就贫困区来说是这样的。如果情况真是如此,父亲将不再有任何明确的作用。对母亲来说则有两种可能性:她可能继续干普通的工作,让孩子在社会机构中得到照料;或者——如果法律这样决定的话——当孩子年幼时由国家付给母亲工资,让她去照料自己的孩子。如果采取后一种办法,也可以被用来支撑传统道德,因为不贞的妇女可能失去收入。显然,如果她不去工作,也就失去了收入;失去了收入也就无力供养孩子,因此就必然把孩子送进某家社会机构。所以,在对父母并不富有的孩子的照料中,经济力量的作用似乎将淘汰父亲的作用,甚至使母亲的很大一部分作用也被淘汰。要是果真如此,传统道德的一切传统理由都将消失,必须为新道德找到新的理由。

我以为,要是发生家庭瓦解的情况,并不是一件值得欣喜的事。父母的感情对孩子至关重要。社会机构如果大量存在,必定公事公办,生硬严厉。如果除去千差万别的家庭环境那种风格迥异的影响,必将出现可怕的单调一律。而且,除非先建立一个国际政府,不然各国儿童将会受到恶性的爱国主义教育,而等到他们长大成人时,这种教育很可能使他们相互灭绝。就人口方面来说,国际主义政府的建立也有必要。因为如果没有这样的政府,民族主义者便有了鼓励增加人口的动机,以致超过其需要量。这样一来,随着医药卫生的进步,剩下的消除过剩人口的唯一办法就是战争了。

社会问题常常困难而复杂,同时我又认为个人问题却非常简单。那种认为性总是有点罪恶的学说，从根本上认为性对个人性格具有难以言喻的损害，一种自生至死的损害。传统道德由于禁锢性爱，也就大大禁锢了其他一切形式的友好感情，造成人们不那么宽宏大量，不那么温厚和蔼，而是更为任性冒昧，更为残忍冷酷。无论性道德最终可能得到什么样的公认，它都绝不能受迷信的影响，相反，它必须有对其本身有利的、公认的、可证明的理由。性不能没有道德，就像商业活动、体育活动、科学研究或其他任何人类活动不能没有道德一样。但是，它可以不要仅仅以那种和我们当今社会迥然不同的、由无知的人们提出的古老禁令为根据的道德，和经济道德与政治道德一样，我们的性道德仍然受着已被现代发现并证明是荒谬的恐惧感的支配。由于心理上适应，这些现代发现带来的好处在很大程度上已经失去。

从旧制度到新制度的过渡就像任何过渡一样，确实有自身的困难。这些道德改良的鼓吹者和苏格拉底一样，往往毫无根据地被人斥之为使青年堕落的人。他们宣传的新道德如果被完整地接受，就比斥责者力图修补的旧道德能使人过上更美好的生活。即使如此，他们仍免不了被指责的命运。任何了解东方伊斯兰教的人都坚持说，凡是认为每天祷告 5 次已没有必要的人，也就不再尊重我们认为重要的其他道德规则了。用这种方式特别容易误解那些提倡改革性道德的人。我意识到,我自己就说了可能被某些读者误解的问题。

新道德与传统的清教道德相互分歧的基本原则是:我们相信本能应该训练而不应该抑制。一般说来,要想赢得现代男女广泛的接受,须从人的幼年就开始充分有效运用该道德观及其全部含义。如果本能在儿童期受到抑制而不是训练,其结果可能使本能在后来的整个生活中都受到一定程度的抑制,因为幼年受到的抑制会造成令人不快的影响。我所提倡的道德并不是仅仅向成年人或青少年说一句"凭冲动行事,想干什么就干什么"。其中必须有生活的连贯性;必须有为达到目的而进行的不断努力,这些目的并没有直接的好处,也不是每时每刻都令人倾心。此外,还应该有一定的正确标准。但是我不把自我克制当作目的本身,但愿我们的制度和道德规范是那种只需要很低限度而不是需要最大限度的自我克制。自我克制就像火车上的刹车,当你发觉自己行进在错误方向上时,使用刹车是有好处的。但在正确方向上使用刹车却只有害处。谁也不会认为火车应该永远刹着车跑,而艰难的自我克制习惯,对用于有益活动的精力具有相似的危害效果。由于自我克制将这些精力大大地消耗在内部摩擦而不是外部活动上,因此它虽然有时是必要的,但总是遗憾的事。

生活中,自我克制的必要程度取决于儿童期对本能的态度。正如机车里的蒸汽既可以使火车向目的地前进，也可以使火车开进侧道发生撞车事故一样，儿童的本能也可能导致有益的或有害的活动。教育的功能就是引导本能向着有益的方向而不是有害的方向发展。这一任务在儿童期如果能充分完成的话，一般说来，一个男人或女人就用不着严格的自我克制也能过上有益的生活了。也许，只有在很少的危机时候才是例外。相反，要是早期教育只是对本能的抑制，那么将来本能引起的行为有些就将是有害的，因此便只好继续由自我克制予以约束了。

出于这些普遍原因的巨大力量，以及传统道德对它的特别重视，因而对性冲动有着奇特的作用。大多数传统道德家似乎认为，如果性冲动没有受到严重抑制的话，它们就会变得轻浮粗俗，变成无政府状态。我认为，这种看法来自于对那些幼年时受到抑制后来又想不顾那些抑制的人们的观察。但是，即使这些人抑制性冲动并不成功，他们幼年时期的抑制也仍然在起着作用。所谓的良心，就是说，非理智地、多少是无意识地接受很小的时候学到的戒律，使人仍然觉得，凡习俗禁止的，就是错误的。而且，尽管理智的信念并不这样认为，但是这种感情仍然可能存在。因此，这就造成了个性的分裂。本能与理智不再同时发展，而是本能变得无足轻重，理智变得软弱无力。人们发现，现代世界对传统学说有着各种不同程度的反抗。最为常见的反抗是理智上承认青少年时学到的道德真理,然而又以多少不真实的悔恨坦白说,自己还没有足够的勇气来实行这种道德。对这样的人没有什么可多说的。他最好应该改变自己的实践或者自己的信念,使两者和谐协调。另一种反抗是人们有意识的理性已经抛弃了幼儿园时学到的道德,但是就其整体来说,无意识又仍然加以接受。这种人在强烈的感情,特别是恐惧的压力之下会突然改变其行为方式。由于幼时信念的涌现,严重的疾病或者地震都可能引起他忏悔或者放弃理智的信念,以致他平时的行为都会受到抑制,而且形式可能令人讨厌。这些并不会制止他以受传统道德谴责的方式行动,但却会使他不能全心全意行动,因而排除了行动中本来会有价值的某些因素。除非人们接受新的道德规范时接受完整的个性,而不仅仅是接受构成我们有意识思维的上层结构,否则,用新道德规范代替旧道德规范是绝不能令人完全满意的。对大多数人来说,如果他们青少年时期一直受旧道德的影响,那么要代替旧道德就非常困难。因此,只有早期就用新道德进行教育,才能够对新道德做出公正的判断。

性道德必定产生于某些普遍原则,这些原则可能有相当广泛的一致标准,虽然其结果很不相同。首先要保证的是,男女之间应该有尽可能深厚严肃的爱情,这包括双方完整的个性和爱情的融合,使双方都得到丰富和提高。第二条重要原则是,应该在身体和心理上充分地照料孩子。这两条原则本身并没有什么令人吃惊之处,但对于这两条原则的结果来说,我却提倡应该对传统的道德规范做某些修改。大多数人如果在青少年时期没有受到各种禁忌的严重束缚,他们本来也能在婚后全心全意地热烈相爱的。他们要么缺乏经验,要么是偷偷摸摸地通过不正当方式获得经验。此外,由于妒忌具有道德家维护道德的约束力,因此他们感到禁锢彼此是正当的。当然,如果夫妻双方彼此都全心全意相爱,都想忠于对方,那么,的确是件十分美好的事。但是,如果发生了不忠,并把不忠看成可怕的事,那就不好了。如果发展到不能与异性交朋友,那更是不可取的。美好的生活不能建立在恐惧、禁律和干涉彼此自由的基础之上。没有这些问题而彼此忠诚是件好事,然而需要忠诚的时候,又可能付出太高的代价。因此,对偶尔的过失,相互如能有所容忍就要好些。无疑,尽管有肉体的忠诚,但又彼此妒忌,这比相信深厚持久的感情的终极力量更能引起婚姻的不幸。

我觉得,许多自认为有道德的人,对孩子所尽的父母的职责似乎比我认为的要轻率得多。以现在的双亲制家庭制度来说,只要有了孩子,结了婚的双方就有责任尽其所能,保持和谐关系,即使这需要有很大的自我克制才行。但是,这种克制并不是像传统道德家所说的那样,只克制不忠诚的冲动就行了;克制妒忌、坏脾气、专横等等,也同样重要。

毋庸置疑,父母之间的严重争吵是引起孩子神经错乱的最常见的原因。同时,父母一方或双方如果都没有足够的自制力防止孩子知道彼此的不和,这样的婚姻还是以解体为好。从孩子的观点来看,婚姻解体也并非绝对就是最糟糕的事,其实它还不及高声争吵、狂怒斥责,甚至可能使用暴力的情况糟糕。许多孩子就是在这样恶劣的家庭里生活的。

绝不能认为,只要把在陈旧的严厉限制性准则下成长起来的成年人,甚至青少年置之于道德家们留给他们的受到损害的冲动刺激之下,明智地鼓吹更大自由的愿望这类事情就能实现。这是必要的阶段,因为不这样的话,他们就会糟糕地用自己受过的教育来教育自己的孩子。但是,这只能是一个阶段而已。明智的自由必须尽早了解,不然,唯一可能的自由将会成为轻薄肤浅的自由,成为没有完整个性的自由。轻薄的冲动会导致身体的无节制,而精神却仍然被禁锢着。最先培养的本能能够产生比受加尔文①原罪学说教育好得多的结果。但是如果允许这样的教育产生坏结果的话,后来要消除其影响就极为困难了。精神分析给予世界重要的好处之一,就是发现了儿童期的禁律和威胁的不良影响。要消除这些影响,可能一直都需要精神分析治疗的方法。不仅那些受到明显伤害的神经症患者是这

①加尔文(1509~1564):法国宗教改革者。——中译注

样，许多正常人也的确是这样。我相信，总的来说，早期受传统教育的人十之八九在某种程度上都不能对婚姻和性问题采取正当的、明智的态度。我认为要让这些人表现出在我看来是最好的态度和行为，是不可能的，最多是使他们留心到自己受到的伤害，说服他们不要用使他们受到伤害的方式再去伤害自己的孩子。

我想要宣传的学说并不是那种放纵的学说，它所包括的自我克制成分完全和传统学说一样。但是，自我克制更多的是用于放弃对他人自由的干涉，而不是克制自己的自由。我认为可以指望，如果人们从一开始就受到正确教育的话，对个性和对别人自由的尊重就可能变得相当容易。但是，对于那些已养成信念并认为我们有权以道德的名义否定他人行动的人来说，要放弃这种讨厌的迫害形式无疑是困难的，甚至可能是办不到的。但这并不意味着对那些从小受的道德教育限制性较少的人也不能。美好婚姻的本质是彼此尊重与身体、精神、灵魂联系紧密的个性，这使得男女之间严肃的爱情成了人类一切经验中最富有成果的经验。这样的爱情同所有伟大的宝贵的东西一样，本身就需要有自己的道德，同时还得时常承担大大小小的牺牲。但是，这种牺牲必须出自心甘情愿，否则便将毁掉爱情的基础，而爱情的基础恰恰又是为之作出牺牲的原因。

## 专递指南

### ●《人对抗自己——自杀心理研究》

［美］卡尔·门林格尔 / 著

卡尔·门林格尔是美国著名的精神病医生、精神分析学家和心理学家，他对人深邃莫测的精神世界具有渊博的知识，尤其对死亡本能、自杀冲动、犯罪心理和儿童心理做过深入精辟的研究。他在这方面的成果使他在精神分析心理学领域中斐然自成一家。

在《人对抗自己》中，门林格尔对死亡本能和自我毁灭倾向做了全面的考察和分析。他认为：人性中固有的破坏冲动总是要竭力寻求宣泄，如果这种破坏冲动不能施之于外界，其必然结果就是转而施之于自己。这就是各种形式的自杀的根源。

门林格尔呼吁：不能回避对死亡本能和自我毁灭倾向的研究。在现实生活中，每个人都以他自己所选定的方式，或快或慢、或迟或早、或直接或间接地在杀死他自己。要想与这种自杀倾向相对抗，首先的一步乃是真正认识到：自我毁灭确实根植于我们的天性，我们必须熟悉它的各种表现形式，在此基础上才能做出相应的努力来与这种根深蒂固的死亡本能抗衡。

### ●《理解人性》

［美］艾尔弗雷德·阿德勒 / 著

艾尔弗雷德·阿德勒（1870 ～ 1937），有世界性影响的奥地利心理学家、神经精神病学家和社会教育家。他所开创的个性心理学在心理学领域中独树一帜，影响十分深远。直到今天，在心理学领域和神经精神症领域，仍有不少人沿用阿德勒的理论和方法进行研究和治疗。至于他所提出的自卑情绪、补偿机制、权力追求等概念，更是深深渗透到现代西方文化和一般人的科学常识之中。

本书分“人的行为”和“性格科学”两大部分。作者运用个性心理学的原理，对人的性格进行了科学的剖析，着重强调人的社会性和社会感，强调个人的人生观和价值观在形成性格的过程中所起的作用。本书倾注了作者对人的爱心与关注，其基本观点建立在作者自己多年来从事心理治疗、社会教育所积累的大量实际观测与调查的基础之上，因此具有极强的可读性和积极的现实意义。

**●《自我分析》**

［美］卡伦·霍妮／著

如果说《我们时代的神经症人格》（1937）的问世标志着霍妮精神分析体系的诞生，那么《自我分析》（1942）、《我们内心的冲突》（1945）的相继出版，则是对其思想的进一步充实和完善。

“自我分析”是霍妮在总结自己及其同行和患者经历的基础上，为治疗轻度神经症设计出来的方法。它把专业精神分析疗法中分析师和患者两个角色的适用部分合二为一，交由患者单独承担、独自操作，因此，“它是患者与分析师一身担”的尝试。

当今世界是竞争激烈的世界，人们在适应环境、相互交流、面对自己时，不可避免地会遇到种种压力，如果处理不当，这些压力很容易会造成精神障碍。在这方面，尤其在专业精神分析至少暂时还难以为每一个有求于它的人所用的情况下，“自我分析”不失为最佳选择之一。

**●《性心理学》**

［美］H. 埃利斯／著

任何人在一生中都迟早要面临性的问题，都不可避免地要产生各种性心理活动，因此性和性心理研究理应是人对自身认识的一个重要方面。

弗洛伊德和埃利斯以各自丰富的研究成果奠定了现代性心理学的基础。特别是埃利斯，他的七卷巨著《性心理研究》被公认是这一领域中最权威的经典著述。这本《性心理学》就是他在《性心理研究》基础上改编而成的，是为非专业研究人员编写的一本浅近易懂然而又不失系统全面的性心理手册。通过本书，读者可以比较详细地了解人的各种复杂的性心理活动，也可以看到人可能出现的种种性心理变态。

**●《哲学人类学》**

［德］M. 兰德曼 / 著

M. 兰德曼是当代德国著名的哲学人类学家。

本书追溯了人类学的源流、哲学人类学的缘起，探讨了哲学人类学的方法、意义，分别介绍了哲学人类学的主要流派，较全面、系统地提出了作者的文化哲学人类学（亦简称为文化人类学）的观点。

本书被誉为哲学人类学领域中“标准的权威性著作”。

要了解哲学人类学，本书既可当作入门著作来读，亦可作为专门性著作来研究。

**●《人的本性与命运》**（上下卷）

［美］R. 尼布尔 / 著

本书对哲学、宗教与政治做了全面的考察。

就像 R. 尼布尔的所有著作一样，本书的广阔视野反映了作者的天才，但本书的力量却来自它所传达的特殊信息。

尼布尔在本书序言中指出，“个性”与“历史意义”是圣经传统的两大强调，而他的任务就是要就此强调做出详细的论述。

针对这两大主题，该书分成上下两卷。上卷论人的本性，下卷则主要谈历史的意义。这一论述集中地体现了他的历史哲学思想。

**●《过程与实在》**（上下卷）

［美］A. N. 怀特海 / 著

本书的主旨并非要分散地研究那些在某些传统思想体系中显得迫切的各种传统哲学问题。毋宁说，它们是要阐明一个由诸宇宙观组成的精简体系，让它去和经验的形形色色的问题打交道，借此阐述这些宇宙观的意义，最后详细说明一种完整的宇宙论。据此，所有的特殊问题都可以找到联系。这样便可在逐渐发展这一体系的过程中，去寻求统一的处理方法。

本书是哲学史上的丰碑，它是怀特海形而上学思想最有系统的表述。诚如作者所言："思辨哲学的目的就是要努力构建一个首尾一致的、合乎逻辑且又必要的一般观念的体系，依据这一体系，我们经验中的每一成分都可得到解释。"本书正是怀特海为了达到这一目标所做的努力。

**●《超越自由与尊严》**

［美］B. F. 斯金纳 / 著

B. F. 斯金纳是当代西方行为心理学派最具影响的代表人物。

其著述甚丰，无不被视为心理学的经典。

本书分别就行为技术，人的自由、尊严、价值，以及文化的演进等方面进行了探究；而这些探究同时也是对传统人文研究的批判性回应。

作者认为，人根本不可能有绝对的自由与尊严，人只可能是环境的产物。因此，人类面临的首要任务是设计一个最适合自己生存的文化与社会。

**●《阐释神圣——多视觉的宗教研究》**

［美］W. E. 佩顿 / 著

人们在解释宗教时一般采取了哪些阐释角度，各种不同的观察架构如何构造出种种差异极大的观察对象，等等，本书就此进行了深入的探讨，其主题并非一切都"只不过"是阐释，而是对种种阐释产生出的种种资料的阐释。

作者认为，他作为一个学者的任务是催生一个个观念策源地，以有助于对宗教的全球性模式进行研究，有助于关于宗教研究方法论的思考。

为跨文化的比较宗教研究建立一种方法论，为理解宗教方面泛人类、跨文化的延续性与文化特殊性的关系提供多种途径——本书正是作者为达到这一目标所做的努力。

本书受到美国和世界上诸多大学的欢迎，成为这些大学相关专业的必读书籍。

**●《人：学术者》**

［法］P. 布尔迪厄 / 著

一部不仅在法国也在整个西方学术界引起巨大反响的著作；

一部以认识论与方法学为指导、以前所未有的客观的统计学手段完成的科学调查；

一本关于 20 世纪中期法国学界状况、人员变化、相互关系及其根源的书。

皮埃尔·布尔迪厄（国内多译为布迪厄）是法国当代著名社会学家的代表人物。

其著述颇丰，《人：学术者》是其中既具有代表性又十分特殊的重要著作。

本书不仅呈现出整个法国高等教育在 20 世纪中期的种种既相互依存又相互斗争的力量的外在表现，还从社会学角度深刻分析了蛰伏在这些表现下的冲突的根源。

作者建立在忠于事实、捍卫真理的基础上的、以认识论与方法学为指导的剖析与批判，对当今的中国的学术界和高教领域，对我们在进入新世纪后的社会学研究工作的更深入发展，无疑具有宝贵的借鉴意义和参照作用。

**●《人的奴役与自由》**

［俄］尼古拉·别尔嘉耶夫 / 著

尼古拉·别尔嘉耶夫（1871 ～ 1948），当代著名的宗教思想家、哲学家。

诚如作者所言，本书“要解开人类这桩最幽邃的谜题”。作者通过对“人的救赎”这一问题的沉思，将现实的各个领域纳入其视域，对存在、上帝、自然、社会、国家、战争、民族主义、资产性、金钱、社会主义、爱欲、美感、艺术等，进行了全面的剖析；同时也对自近代以来困扰着诸多哲人的自由与客体化问题给出了自己的答案。本书可谓是别尔嘉耶夫的“百科全书”，囊括了他所有的基本思想，并借以反思了其一生的哲学历程，其所触涉的范围之广、力度之深，在别尔嘉耶夫那里也是仅此唯一的。

**●《人：游戏者》**

［荷兰］约翰·胡伊青加 / 著

约翰·胡伊青加（1872 ～ 1945），荷兰著名文化史学家、语言学家，早在 20 世纪 40 年代就被公认为当时最伟大的文化学代表人物。

胡氏一生论著甚丰，本书是其最负盛名的两部著作之一，也是其最奇特、最具原创性的一部著作。在该书中，胡氏对游戏与文化的关系做了惊人的、饶有兴味的论述。

胡氏把游戏作为“生活的一个最根本的范畴”来论述，采取文化—史学的研究进路和方法，且对游戏用语进行了细致的考察，最终得出了“人是游戏者”“文明是在游戏中并作为游戏而产生和发展起来的”这两个惊人结论，一反西方在人和人性理解上的理性主义传统，张扬和强调人的游戏本质和游戏因素对于文明的极端重要性；加之作者趣味横生的旁征博引，使这部著作在西方的整个游戏研究中别具一格，在今天读来仍使人拍手称奇。

### ●《道德与宗教的两个来源》

［法］亨利·柏格森 / 著

---

对于中国读者来说，法国哲学家柏格森（Henri Bergson）的名字并不陌生。

本书出版于 1932 年，是柏氏重要的著作之一，是作者经过多年潜心研究而推出的有关道德和宗教问题的专著。这是柏氏哲学思想在人文—社会领域的一次集中运用。这一运用使作为体系的“柏格森哲学”得以完成。要了解柏氏关于社会问题的见解，人们首先想到的就是这本著作。

在本书中，作者所探求的是道德与宗教存在的依据和性质。根据柏氏的考察，道德有两个来源：一是作为“义务”的道德；一是作为“抱负”的道德。作者认为，道德的这两种形式都是应生命进化的要求而产生出来的。宗教在本质上也是生物学的。依柏氏之见，宗教是自然为对付“理智”所可能带来的危险而采取的一种防范手段。

### ●《理性与文化》

［美］欧内斯特·盖尔纳 / 著

---

本书是英国当代著名哲学家欧内斯特·盖尔纳的代表作。

理性与传统、习俗、权威、经验、情感以及零碎的试验与错误的程序，究竟是一种什么样的关系？如何看待理性作为一种明晰、有秩序、个人主义的东西，它在自足的、独立运行的心灵中所发挥的作用？理性是否能使人免于只沉湎于文化？等等，作者就此回溯了自笛卡尔、康德、涂尔干、马克斯·韦伯以来关于理性与文化的论述，提出的见解是饶有意味的。

**●《货币哲学》**

［德］G. 齐美尔 / 著

---

齐美尔，20 世纪著名的社会学家，其在社会学方面的影响被公认仅次于马克思、韦伯和涂尔干。

在本书中，作者以其敏锐的洞察力，试图通过货币这单独一个例证而深入生活的“每一个细节”中，把生活最表层的现象与生活内部最底层的深邃之流和历史潮流联系起来，“在历史唯物主义底下构建一个基础，以便维持经济生活构成思想文化的起因这一解释的价值”，并张扬他所坚持的相对主义世界观。

**●《人是谁》**

［美］A. J. 赫舍尔 / 著

---

A. J. 赫舍尔（1907 ～ 1972），著名哲学家和神学家，一生著述甚丰。

“人是谁”，实际上就是“人怎样才能成为人”。不同于那种或从外部，或孤立地探讨人的某种机能和动力的专门研究，本书是从人自身出发来思索人。由此探讨了人的独特性、人的生存以及境遇等问题，并指出人之生存危机的关键是由于我们将真理问题与生存问题、认识与人的全部境遇割裂开来的结果。因此，我们应抛弃以往那种形而上的思维方式而从人的实际遭遇，从人的生存，从做人的艰难性出发来思考人。

**●《道德的人与不道德的社会》**

［美］N. 尼布尔 / 著

---

雷茵霍尔德·尼布尔是 20 世纪西方最有影响的基督教哲学家之一，极力倡导“基督教现实主义”，对现代宗教伦理学的实际推广做出了独特的贡献。

本书集中地体现了作者应用基督教伦理思想对现实社会的分析和研究。

在本书中，作者首次提出了必须在个人的社会道德行为与社会群体（包括国家的、种族的、经济的社会群体）的社会道德行为之间做出严格的区别，并根据这一区别说明那些总是让纯粹个人道德观念感到困惑难堪的政治策略的必要性和存在的理由。

●《人的未来》

［法］德日进 / 著

德日进（1881 ~ 1955），法国著名哲学家、地质学家和古脊椎动物学家、天主教耶稣会神父。曾在中国从事国际考古与地质研究的工作，时间长达 20 年之久，为中国早期考古学和地质学的建立做出了许多贡献。

人的未来的问题在德日进的著作中占有十分重要的地位。他的基本兴趣不在于艺术的未来、科学的未来、西方文明的未来，他的视觉是地质学家和古生物学家的视觉，也就是说，他致力于认识世界的结构和演化，不仅细致地分析种种最隐秘的自然现象，而且还以完全连贯的、可理解的方式探究这些现象之间的联系。

本书收集了他探讨人的未来问题的主要论文。这些论文构成了一个强有力的整体，包含丰富、深刻的创见，使人读来觉得其作者是一位名副其实的未来学创始人。

●《超越心理学》

［美］奥托・兰克 / 著

奥托・兰克(1884 ~ 1939)，20 世纪生于奥地利逝于美国的著名心理学家。

本书针对心理学所面临的危机，旨在表明，人作为自以为是的自然征服者，其努力应该受到限制；自然的和人造的东西之间比例应当恰当，评价也应平衡。同时，作者认为，承认且接受无理性因素作为人类生活的重要构成成分应得到足够的重视。全书涉及哲学、人类学、宗教学、文学、语言学及心理学等领域的发展过程，即西方文化的方方面面，也包括了与东方文明的对照，充分展现了兰克的渊博知识和独到见解。

●《人的能量》

［法］德日进 / 著

本书是作者继《人的未来》之后又一重要代表作。德日进的所有研究的出发点，显然在于尽可能深入地探究到我们生活于其中并成为其一部分的世界的基础结构之中。他比任何其他哲学家都更充分地把科学成果当作自己的出发点，因为科学成果使他得以从世界历史的维度理解世界。在他看来，尽管有着数量庞大、种类繁多的现象，但宇宙的历史，基本上还是显得统一与和谐，并以此为我们人类的活动指明了方向。

本书以这一基本信念为起点，进而试图向我们表明这种基本统一由什么东西构成，它为人类的生存展现了什么样的前景。

**●《寻求灵魂的现代人》**

［瑞士］荣格 / 著

荣格（C. G. Jung），20 世纪著名的心理学家，分析心理学的创始人之一。

本书从梦的分析谈起，围绕现代人的精神问题，对诸如集体无意识与情结、梦与象征、人格类型、心理学与文学等方面进行了系统的阐释，广泛涉及社会、历史、宗教、哲学、文学、艺术等领域，影响深远，“……对于现代人正在痛苦地进行摸索的心理，他提供了有关其本质和功能的线索。他提出的观点是对我们精神的挑战；每一个在其内心深处感受到一种冲动——一种要超越自己传统的冲动的人，都会在这一挑战面前作出积极的反应”。

**●《发现自由意志与个人责任》**

［美］J. F. 里奇拉克 / 著

J. F. 里奇拉克，美国当代著名心理学家。

本书试图解释人的自由意志是怎样形成的，以及每个人在日常行为中为表述某种意图而承担的责任。作者希望读者能从本书中认识到人类的一种天性——人是有能力实践通常所说的那种“自由意志”的，进而能深刻地理解“人类意味着什么”。

**●《自由、权利和社会正义——现代社会哲学》**

［美］范伯格 / 著

范伯格，美国当代著名哲学家，本书是他的重要代表作之一。

自由、正义、平等、权利、义务、法制、利益、损害等均系社会哲学研究的基本内容，作者指出，上述问题可分为概念问题与一般规范问题，并对其进行了系统的分析与阐明。

写法精炼、问题集中、分析透辟、极具学术价值，是本书的主要特点。本书问世以来，影响极大。

**●《人在宇宙中的地位》**

［德］马克斯·舍勒 / 著

马克斯·舍勒（1874 ～ 1928），德国的著名哲学家、社会学家、伦理学家、天主教思想家、现象学第二泰斗、哲学人类学奠基人、现代基督教位格主义和基督教社会主义的理论代表。

人的位置在哪里？舍勒坚信，它绝不在生物冲动、心理能量、强力意志的系列上，也不在单纯的理智和观念的系列上，换言之，人的定位既不在自然生命之中，也不在纯粹精神之中，因为“人的本质及人可以称做他的特殊地位的东西，远远高于人们称之为理智和选择能力的东西”。

人的位置就在于没有定位和趋向于定位之中——X，这个趋向于定位 X 有如一条生命力的洪流由下而上奔涌，把生命强力奉献给精神价值。这整个奔涌着的生命洪流的动姿，按舍勒的概括，就是爱。

**●《恐惧与颤栗》**

［丹麦］S. 克尔凯郭尔 / 著

S. 克尔凯郭尔（1813 ～ 1855），19 世纪著名宗教哲学家，存在主义的创始人。

本书借《圣经》中亚拍拉罕和以撒的故事，论述了信仰与牺牲的观念。作者认为，信仰从本质上是一种悖论；畏惧并非来自某一确定对象的威胁，而害怕则是来自一个客观的威胁物。

**●《文明与伦理》**

［德］阿尔伯特·史怀哲 / 著

阿尔伯特·史怀哲（1875 ～ 1965）是一位跨越哲学、医学、神学、音乐四个领域的著名学者。他一生著述丰富，在涉及的各个领域均有极高的专业性和独到的见解。

史怀哲秉持着“敬畏生命”是世界观、人生观和伦理观的出发点，通过对史上重要的政治家、哲学家、文学家、艺术家的伦理观点加以梳理，旨在廓清伦理学上的某些重要命题，其中如关于乐观主义和悲观主义伦理学、自我牺牲与自我完善等论述，无不体现了“搜寻世界及生命含义的努力”。本书信息量丰富，跨度大，涵盖古今西方对文明与伦理的研究，对涉猎伦理学及其周边学科的读者大有裨益。

**●《人的本性——以精神病理学视角进行的探索》**

［美］科特·戈德斯坦 / 著

---

科特·戈德斯坦（1878 ～ 1965）， 20 世纪上半叶德国最著名的神经病学和精神病学家，对神经症、精神病、脑损伤等的心理治疗有大量的研究，也是为心理学研究奠定坚实的临床基础的西方知名学者之一。

戈德斯坦以全新的视角提出了几个对作为个体和群体的人的生理和心理现象的独具慧眼的解读，令人信服地阐释了不少一直困扰我们的与人的生存和环境密切相关的重大问题。

**“现代社会与人”名著译丛已出书目**

1.《论人的天性》［美］威尔逊 / 林和生等 译 / 吴福临等 校

2.《人类动物园》［英］莫里斯 / 周邦宪 译 / 陈维政 校

3.《存在的勇气》［美］蒂利希 / 成穷、王作虹 译 / 陈维政 校

4.《超越自由与尊严》［美］斯金纳 / 陈维纲等 译 / 陈维政 校

5.《寻求灵魂的现代人》［瑞士］荣格 / 苏克 译 / 冯川 校

6.《反抗死亡》［美］贝克尔 / 林和生 译 / 陈维政 校

7.《哲学人类学》［德］兰德曼 / 阎嘉 译 / 冯川 校

8.《禅宗与精神分析》［美］弗洛姆、铃木大拙、马蒂诺 / 王雷泉、冯川 译 / 冯川 校

9.《婚姻与道德》［英］罗素 / 谢显宁 译 / 陈维政 校译

10.《性心理学》［英］埃利斯 / 陈维政、王作虹等 译 / 陈维政 校

11.《人在宇宙中的地位》［德］马克斯·舍勒 / 李伯杰 译 / 刘小枫 校

12.《存在与存在者》［法］雅克·马里坦 / 龚同铮 译 / 姚永杭 校

13.《人对抗自己——自杀心理研究》［美］门林格尔 / 冯川 译 / 苏克 校

14.《理解人性》［奥］阿德勒 / 陈钢、陈旭 译 / 冯川 校

15.《人寻找自己》［美］罗洛·梅 / 冯川、陈钢 译 / 冯川 校

16.《我们内心的冲突》［美］卡伦·霍妮 / 王作虹 译 / 陈维政 校

17.《我们时代的神经症人格》［美］卡伦·霍妮 / 冯川 译 / 陈维政 校

18.《自我分析》［美］卡伦·霍妮 / 许泽民 译 / 陈维政 校

19.《人的奴役与自由》［俄］尼古拉·别尔嘉耶夫 / 徐黎明 译 / 陈维政、冯川 校

20.《人是谁》［美］赫舍尔 / 隗仁莲、安希孟 译 / 陈维政 校

21.《健全的社会》［美］弗洛姆 / 孙恺祥 译 / 王馨钵 校

22.《分裂的自我》［英］莱恩 / 林和生、侯东民 译 / 陈维政 校

23.《生与死的对抗》［美］诺尔曼·布朗 / 冯川、伍厚恺 译 / 韦铭 校

24.《恐惧与颤栗》［丹麦］克尔凯郭尔 / 刘继 译 / 陈维政 校

25.《发现自由意志与个人责任》［美］里奇拉克 / 许泽民、罗选民 译 / 吴福临 校

26.《道德的人与不道德的社会》［美］尼布尔 / 蒋庆等 译 / 陈维政 校

27.《自由、权利和社会正义——现代社会哲学》［美］范伯格 / 王守昌、戴栩 译 / 吴福临等 校

28.《人：游戏者》［荷兰］胡伊青加 / 成穷 译 / 王作虹 校

29.《道德与宗教的两个来源》［英］柏格森 / 王作虹、成穷 译 /

30.《个人知识：迈向后批判哲学》［美］迈克尔·波兰尼 / 许泽民 译 / 陈维政 校

31.《观念的冒险》［英］怀特海 / 周邦宪 译 / 陈维政 校

32.《过程与实在》［英］怀特海 / 周邦宪 译 / 陈维政 校

33.《宗教的形成　符号的意义及效果》［英］怀特海 / 周邦宪 译 / 陈维政 校

34.《过程—关系哲学：浅释怀特海》［美］罗伯特·梅斯勒 / 周邦宪 译 / 陈维政 校

35.《解开世界之死结：意识、自由及心身问题》［美］大卫·雷·格里芬 / 周邦宪 译

36.《货币哲学》［德］齐美尔 / 许泽民 译 / 陈维政 校

37.《人的本性与命运》［美］尼布尔 / 成穷、王作虹 译

38.《人：学术者》［法］布尔迪厄 / 王作虹 译 / 成穷 校

39.《阐释神圣——多视角的宗教研究》［美］佩顿 / 许泽民 译 / 陈维纲 校

40.《理性与文化》［英］欧内斯特·盖尔纳 / 周邦宪 译 / 陈维纲 校

41.《人的未来》［法］德日进 / 许泽民 译 / 陈维政 校

42.《人的能量》［法］德日进 / 许泽民 译 / 陈维政 校

43.《超越心理学》［奥］奥托·兰克 / 孙林等 译 / 陈维政 校

44.《文明与伦理 》［德］阿尔伯特·史怀哲 / 孙林 译 / 恺祥 校

45.《文明的衰落与复兴》［德］阿尔伯特·史怀哲 / 孙林 译 / 恺祥 校

46.《人的本性——以精神病理学视角进行的探索》［美］科特·戈德斯坦 / 王一力 译 / 王作虹 校

47.《爱与欲——对浪漫和性欲情感的精神分析》［奥地利］赖克 / 杨雨红 译 / 陈维政 校译

**“现代社会与人”名著译丛**

**“码”上邂逅**

图书在版编目（CIP）数据

婚姻与道德 /（英）伯特兰·罗素著；谢显宁译．
—贵阳：贵州人民出版社，2020.12（2024.4 重印）
（“现代社会与人”名著译丛 / 陈维政主编）
ISBN 978-7-221-16460-5

Ⅰ．①婚…　Ⅱ．①伯…　②谢…　Ⅲ．①婚姻道德
Ⅳ．① B823.2

中国版本图书馆 CIP 数据核字 (2020) 第 266402 号

现代社会
与人
名著译丛

婚姻与道德
HUNYIN YU DAODE

［英］伯特兰·罗素 / 著
谢显宁 / 译
陈维政 / 校译

出 版 人 / 朱文迅
策划编辑 / 周湖越　黄筑荣
责任编辑 / 张　娜　李　方
责任印制 / 尹晓蓓
装帧设计 / 刘　津
出版发行 / 贵州出版集团　贵州人民出版社
地　　址 / 贵阳市观山湖区会展东路 SOHO 办公区 A 座
邮　　编 / 550081
印　　刷 / 天津创先河普业印刷有限公司
开　　本 / 890mm×1240mm　1/32
印　　张 / 8
字　　数 / 145 千字
版　　次 / 2021 年 8 月第 1 版
印　　次 / 2024 年 4 月第 2 次印刷
书　　号 / ISBN 978-7-221-16460-5
定　　价 / 42.00 元